Remembering the Letterpress Printing of Taiwan

活字

記憶鉛與火的時代

曾經有一段時間，
每一本書的每一個字都用鉛做成；
那時有一群人，
和鉛、墨一起工作，
透過他們的雙手，
我們得以看見知識的傳遞。

Contents
目次

「當年印刷業很活絡，可也非常競爭，
在鑄字的環節也不例外，簡直是殺戮戰場；甚至會聽到
江湖流傳類似『如果你們去日星買字，就不要來我們這裡！』
這樣劃清楚河漢界的撂話。」張先生笑說。

「我父親、公公那年代，做印刷才是真的前途光明，
印刷業師傅們都打著領結、穿著西裝上工，
下班後去舞廳唱歌、跳舞。那時啊，人們有句俗話說
『若嫁印版工，沒吃聞也香』，可到我們這一代呢，
這話就改寫了，變成『若嫁印版工，如同死了尪』，窮忙而已啦！」

Preface

序言

編輯部

問：這本書的起源

最初意識到「活字印刷還存在」這件事，是在二〇〇七年末。那時我們正在為二〇〇八年的十周年活動做準備，眾編輯費盡腦力，想要找出一個能代表出版社的禮物，一位編輯同事突然提到「鉛字」。雖然在場同事的年紀跨了兩世代，但我們都沒有經歷活字印刷的時代，只聽過同業前輩說起，或者在書中讀到。即便如此，鉛字這個陌生的想法依然讓我們興奮不已，因為想像中，某種上個世代、緩步微吟的閱讀，其實就是「行人」追求的態度，那麼藉由「鉛字」，或許就能幫助我們銜接到我們無緣見到的時代。

當時的我們立刻兵分多路，查網路找關係。網路上只要出現「活字」、「鉛字」，立刻打電話聯繫；朋友的出版業只要有點年份，我們也厚著臉皮詢問。經過了多次挫折，中間還認識了臺北武昌街中文打字行的熱情阿姨、已經成功轉型平版業務的印刷廠老闆，最後竟然就在臺北的太原路找到日星鑄字行。當時首次步入陳舊的廠房，廠房內整排的鉛字，昏黃燈光裡隱隱發亮的金屬光澤，立刻感覺自己置身於臺灣出版歷史中，也就此開始與日星

鑄字行的不解之緣。

幾年之後，經過日星的關係，一點一滴認識了臺北小而豐富的活字圈，也跟許多老師傅一起經歷了許多活動與工作。這時，幾年前的鉛字贈品已經無法傳達我們對活字印刷的感受，需要一本書，標示行人文化與活字印刷的緣份。於是，這本小書因此誕生。

問：這本書的觀點

在日星鑄字行隨手拾起一顆鉛字，我們可以從很多角度說故事。從西方歷史的角度，它掀起古騰堡革命，讓知識傳遞變得普及。從印刷產業的角度，它是整個流程中的最小單位，由它開始，構成一個一個版面，最後集成書冊。從臺灣歷史的角度，它可能是臺灣傳統文人與現代知識分子出現的分水嶺。從工藝的角度，它為紙帶來立體的效果，展現一種與平版印刷油水分離全然不同的技術。從設計的角度，這顆活字的字體本身蘊含著美學與歷史，記錄著早期文字、書法與書籍的藝術。

作為出版產業的從業人員，我們很希望將這背後豐富的故事全部呈現，但特別讓我們在意的是，作為一種產業的活字印刷。在平版印刷和電腦排版出現前，人們如何製作書籍？鑄字、檢字、排版、印刷，每個環節如何製作出與現在完全不同的出版品？仰賴這個產業的師傅，當初為何進入這個行業，跟現在有何不同？這部分構成本書的第一部分，試著以一個完整的流程呈現一個產業。接著，我們想知道，活字在今天持續以怎樣的方式存在著，這部分構成本書的第二部分，我們盡量找尋了近幾年各種活字印刷相關產品，呈現它現存的方式。

問：這本書的期待

雖然從經濟運作的角度，活版印刷其實應該已經不存在，畢竟平版印刷與電腦排版的結合便宜又快速，活版理應沒有競爭力。但實際上，活字印刷依然在臺灣的許多地方運行著。我們走訪其中幾處，用影像將它們留下來，希望做出一本活版印刷的視覺入門書，試圖以大量的圖片與簡單的訪談，把讀者帶入這個精采的世界；除了書籍本身，我們也特別請本書的平面設計師重新替日星鑄字行設計了一本全新的字體簿，儘管它不像日星鑄字行原有以實用為主的字體簿一般，有完整的字體、號數和花樣的展示，但透過獨特的設計，並實際使用活字刷技術印製，希望能表現出字體的個性、活字排版的靈活度，以及活版印刷的立體感及紋理。而這本字體簿裡的字體和紋樣，更是臺灣現存唯一的鑄字行仍在生產的鉛字，希望讀者能夠看見、觸摸到不同於平版印刷時代的印製品；最後，我們希望讀者能夠進一步實地走訪，用自己的眼睛、用各種角度，仔細看看這整套技藝與機具，如何發出曾經震撼歷史的光芒。

Remembering the Letterpress Printing of Taiwan

第一部

職人的記憶

來到鑄字行，電、火、水交錯迸發出的火花，與節奏有致的機器聲，將燒燙嶄新的鉛字一個推著一個出來，還銀晃晃地發著光。這些殘留著餘溫的鉛字，交到補字員手中，放進成排堆起、好似沒有盡頭的字架中。此時檢字師傅登場，熟練明快地將龍飛鳳舞的手稿，幻化成整齊的隊伍，接著，這一班鉛字被包入紙張，送往下一個中繼站。打開如禮物般包裹著、安靜的鉛字，排版師傅憑藉著經驗與美感，再度賦予鉛字新的樣貌：一塊大小錯落、賞心悅目的活字版。這塊受到排版師傅與編輯認可、終於可以付梓的活字版，此時交到印刷師傅手中，後者將活字版放上印刷機與木塊緊緊依靠著，並仔細地調校各個小細節。接著印刷機開始轉動，七恰、七恰的送紙聲在耳邊響起。終於進行到這最後一步，印刷機卻在來不及看清楚的速度下，吐出了最後的完成品。

每一本在師傅們手中成形的書，就是一次緬懷，映照著他們的人生光景。拿著沉甸甸的鉛字、摸著淡淡浮凸的字句，年已過半百的師傅們回憶著與鉛字工作的那段歲月，時而雀躍，時而感慨，但如今也只能透過話語，輕輕述說。

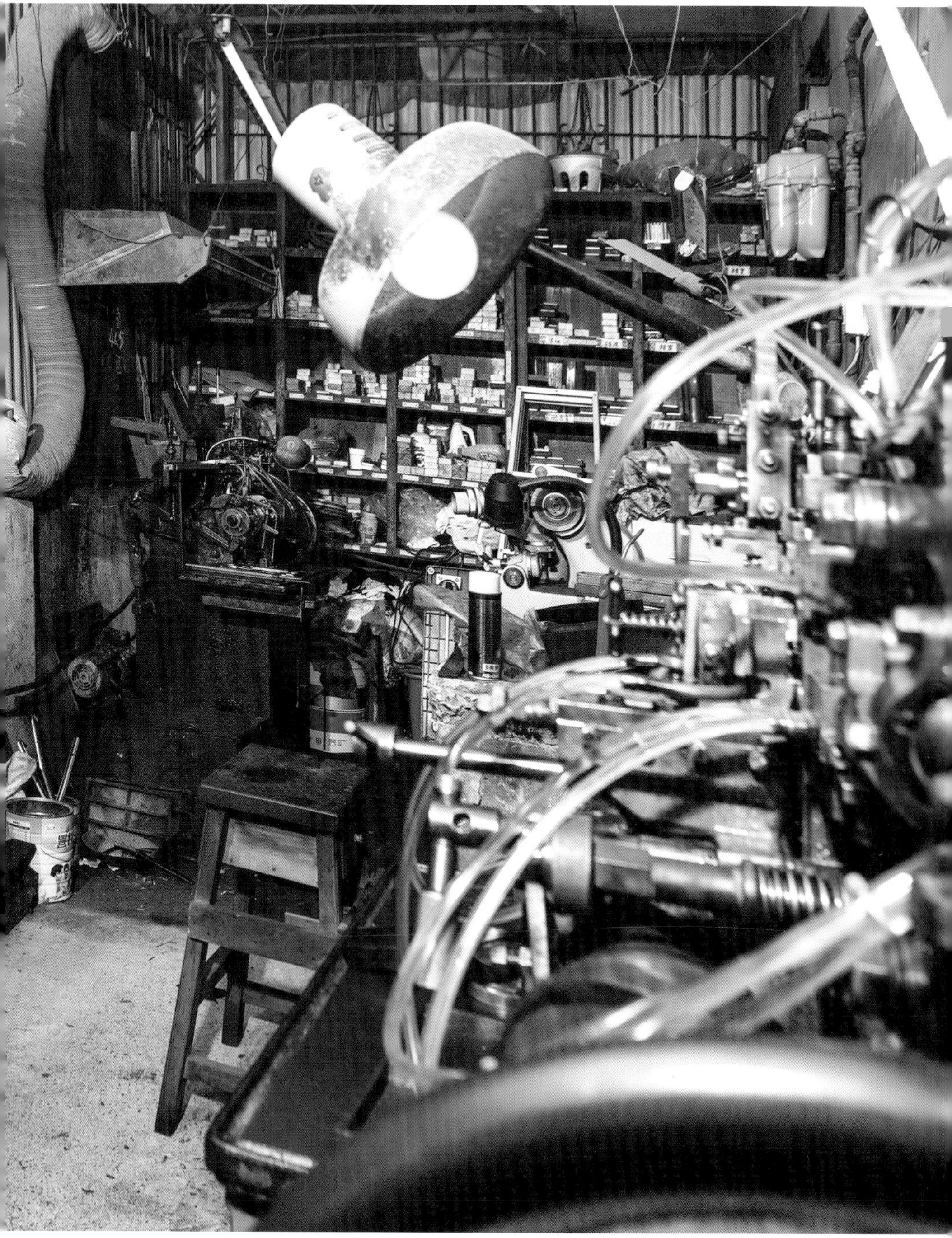

1

鑄字

Typefounding

張介冠，「日星鑄字行」第二代，投入鑄字這行已將近半個世紀，見證著整個產業的變動與興衰，而在活字印刷幾近消失的此刻，卻可說是來自「印刷世家」的張先生，由另一角度理解與保存這個文化的開始。

＊＊＊

張先生十七歲時，父親計劃獨立開設印刷廠，在籌備的前期，張先生先前往另一家大圓盤印刷廠學習，又因家族中原本就有親戚從事銅模鑄造機與送紙機的製造，也有開設印刷廠，他接著轉到三舅的永茂印刷廠，接觸了實際的書籍印刷與鑄字工作。一九六九年，「日星」正式開業。

「日星」一名是張先生的父親取的，字形上可拆解為「日日生」，又「星」的字音與台語「生意」的「生」同音，兩者都可帶出「日日生產、日日生財」的吉利，也表達了對養家、立業的期許。

「日星」遷址過幾次，但俱在重慶北路圓環附近，這裡不只是張先生的父親既有的活動與人脈範圍，也因為萬華雖是印刷業集聚之處，但已趨近飽和，便很自然地傾向選擇自己熟悉的區域。「日星」原本計劃設為印刷廠，但開業當年隱約感到印刷廠這一環似乎已經不可勝數；又當開業在即時，被通知印刷機無法如期交貨、一拖就會拖上把個月；再加上家裡原本就有鉛字與銅模鑄造的機器，種種原因之下，張先生的父親決定轉個大彎，屹立至今的「日星鑄字行」便在這樣的因緣匯聚下成立。

在那個有「中南行」、「協盛」和「普文」等大型鑄字行的年代，「日星」一開始怎麼爭取業務呢？「我父親的二十幾個

利用瓦斯加熱熔鉛的鑄字機散發出高溫，
「冬天時鑄字很溫暖，夏天時也可趁勢流汗減重。」張先生打趣地說。

拜把兄弟幾乎全是印刷同業，雖多是小型印刷廠，但作為起步已經很足夠。」張先生說，而原先看似下了賭注的區域選擇，也發揮了另一種地利之便，「當時印刷業集中於萬華區塊，其中，鑄字行最北只到西門町福星國小附近的『普文』，換言之，中正路（今忠孝西路）以北、環河北路以東，就只有日星。」

「當年印刷業很活絡，可也非常競爭，在鑄字的環節也不例外，簡直是殺戮戰場；甚至會聽到江湖流傳類似『如果你們去日星買字，就不要來我們這裡！』這樣劃清楚河漢界的撂話。」張先生笑說。

日星從最開始只有張先生與父親，加上母親和兩個妹妹，全家動員；七〇年代後，日星生意漸趨穩定，一九七三年時，店裡已有十七位左右師傅；到七〇年代後期，包含檢字與鑄字師傅更多達三十餘位。

* * *

那麼關於活字印刷的衰退呢？張先生表示，這行業的走下坡可以分好幾個階段來看：日星剛開業時，其實已經有中文打字機，但只有少數公司與公部門使用；接著照相打字技術被引入，改變了海報、廣告、月曆、吊牌和紙盒等產品的製稿方式，但相應的小平版快速印刷機畢竟還不普遍；而後電腦排版軟體被研發出來，並被使用在簡單的報告書與表格製作，隨後更新、更好用的排版系統如雨後春筍出現，人們通常說「活字印刷一夕間快速沒落」的情形便在此時發生。

「不過，在全盛時期，這行業每個人的工作狀況都超載，隨著電腦排版引進，雖

日星鑄字行共有七台鑄字機，每台可分別鑄造不同號數的鉛字。

HAKKO
JAPAN
E-Series

然業務量被侵蝕，也只是覺得生活步調比較平衡了，倒還不特別意識到威脅。」反而，最先讓日星調整人員配置的原因是一九八四年實施的勞基法，「依照新法及當時情況，我們必須支付離職員工的總費用可能多達五、六千萬。……把店裡設備全賣了也沒那麼多啊！」張先生說。日星從這時開始遇缺不補，讓規模慢慢縮小。

進入八〇年代中期，日星的業務量持續減少，不過因規模已逐漸縮小，剛好應付得來。但是到了一九八六年，原先的客戶多已自行購入了平版印刷機，日星認為若不提供多元服務，將無法繼續經營，因此決定購置新設備、進入轉型。這時臺灣活字印刷業已大幅萎縮，鑄字行剩下沒幾家，日星也沒有鑄字師傅了。

落入這般景況，張先生的父親及家人都認為應該將設備賣掉、把空間出租，但張先生一方面沒特別想去處理這個耗時耗力的大工程，另一方面也覺得跟這間鑄字行累積了相當深厚的情感，不忍就這樣結束。熟悉印刷每一環節的張先生，因為擁有優秀的製版技術，在北臺灣尚有穩定的印刷廠客源，既然生計還不成問題，「日星鑄字行」的去留難題就這麼拖延了下來。這個時候的活版業務，剩下「春暉」和「永輝」幾個老客戶，而種類也幾乎只剩表格類，鑄字機已經很少需要啟動了。

＊＊＊

問到張先生什麼時候開始有比較明確的活字印刷文化保存的意識呢？張先生說，當曾經是全臺灣最大的中南鑄字行宣布歇業，張先生開始思考，是否應該把店裡部分設備和

右上：檢查英文鉛字底線（baseline）是否完整正確的水平線校準儀。
右下：清理鑄字機時，需將鑄字機中剩餘的鉛液取出，而冷卻成長方體較為方便置放。
左上：銅模，也就是鉛字的「母」或「種」。
左下：鑄字機需加熱至三百四十度才能將鉛熔為液狀。

鉛字留下來，給子孫作紀念，「畢竟印刷可是中國四大發明之一」；但當協盛、振興鑄字行相繼收掉，張先生警覺到，活版鉛字在臺灣可能真的會從此消失，比起留下一小部分給家族後代，他更想將整間鑄字行保存下來，作為臺灣活字印刷文化的見證。

鑄字行因鉛字、銅模都脆弱，過去並不開放給人們進出，常是門口收稿、門內檢稿、門外等稿，「但也許現在正是把門打開，請大家走進來的時刻。」張先生說。

但如今有些用了四十幾年的銅模已經不堪使用，若要能持續生產鉛字，光是重製那些銅模就需要一、兩億臺幣，家人均對此抱持反對立場。張先生後來產生了建立工藝館的想法，而這個念頭，到二〇〇八年張先生的父親過世，讓他就此下定決心。同年「活版字體復刻計畫」正式啟動。

「活版字體復刻計畫」以日星的初號楷體為對象，包含了數個工作階段，其中包括檢出缺損字的銅模並鑄字、打樣並掃描、修補字體、電腦軟體描字與轉檔、雕模、修模。而這個計畫遇到比較大的難題在於楷書的性質因較可反映出人書寫的美學與對文字的觀點，獨具個性和體態，但這項特色卻也成為難以用電腦重新整合的瓶頸。

「接下來，要委託專業來進行字的整修，或者自行培養專才，既是繼續進行復刻計畫，也一邊籌備未來的工藝館。」張先生堅定地說道。而這還只是第一個章節，活字印刷文化保存的活動才正要展開。■

回收的鉛字存放在箱子中，需要熔鉛時用耙子及勺子取出，倒入鑄字機。

01

Typefounding

鑄字流程

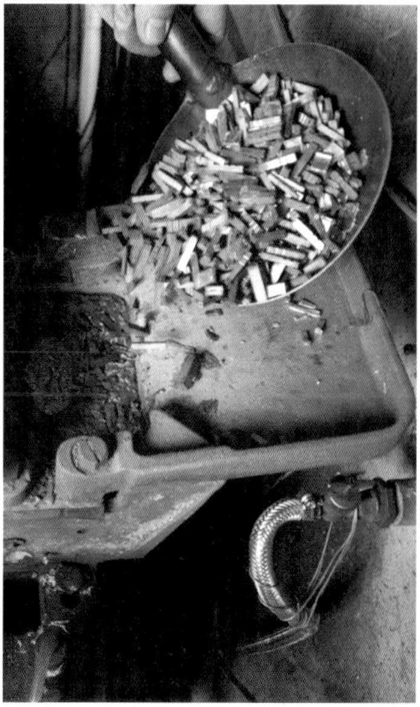

❶ 將回收的鉛字倒入鑄字機，並加熱至攝氏三百四十度，使其熔為液狀。

▼

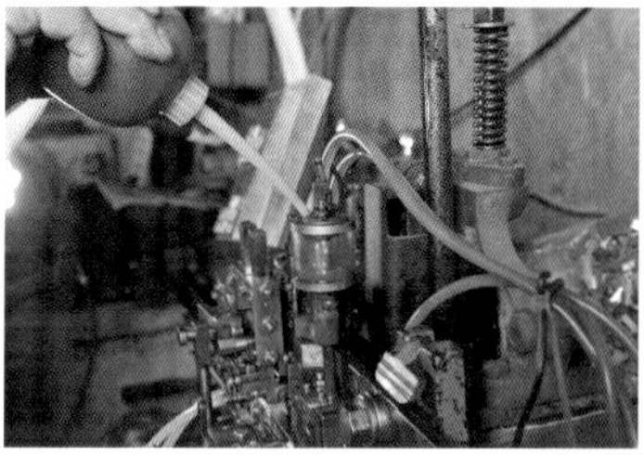

❷ 為鑄字機主要運作的關節上油。

▼

❸ 準備好要鑄造的鉛字銅模。

❹ 將銅模裝上鑄字機。

▼

❺ 啟動機器，鉛灌入銅模，鑄出鉛字。

▼

❻ 將檢查完成的鉛字排入字盒中，待補字員放入字架。

傳入、扎根、擴散到創新

臺灣活字印刷術源流

吳祖銘＝文
國立臺灣師範大學
圖文傳播學系教授

活字印刷具有世界文明的價值，是人類所共有的資產。而金屬活字鑄造的印刷技術，在現代印刷的發展歷程裡，卻又是最早的，也是最重要的發明。歷史的記載裡，德國人古騰堡（Johannes Gutenberg）在十五世紀中葉，首先創製鉛活字印刷而廣泛使用。

這項發明的重要性，以今日回顧歷史的觀點來看，無論是在當時歐洲大陸所經歷的文藝復興軌跡，或是其後的宗教改革、科學革命、工業革命等，都可發現其所存在的直接或是間接之影響。

書刊報紙的風行，不僅啟迪了民智，也啟蒙了民主思潮，彩繪了歷史的容顏。承載著科技的強權，大航海時代的世界地理探險，不僅將地球連為一體，也將幾世紀以來西方文明的經驗，藉由商務、傳教、殖民等機會傳入了世界各地，包括鉛活字印刷的方法。

因此，考證臺灣活字印刷之源流，當從臺灣活字的實際形制，與近代科技的關係以及世界文明交流的經驗，來討論技術如何傳入、扎根、擴散到創新，方可描繪實際的輪廓。

從臺灣活字的實際形制來看，均屬鉛活字鑄造的技術，若以十五世紀中葉之後，古騰堡活字印刷的使用為一個里程碑，臺灣在很早的年代裡，就與現代印刷術的發展歷程接軌了。

臺灣活字印刷史跡，最早可見於十七世紀一六二四年起，荷蘭東印度公司治理臺灣三十八年期間，荷蘭傳教士為了在臺灣辦學校與傳教，曾用羅馬拼音文字拼寫西拉雅族平埔語的「聖經」及多種宗教書籍，這些書籍均在荷蘭本土印製，再陸續運送來臺。透過歐洲盛行了近兩百年的活字印刷出版，產製了臺灣首見的現代活字印刷品，只可惜在荷蘭統治者權威的思維下，技術並未傳入。

十九世紀中葉以後，清帝國在一連串的不平等條約簽訂下，陸續開放了安平、淡水等港口，成為讓各國商船得以進入、設立洋行及進駐海關的港埠，隨之也有了外國文教的引入、傳教士的來往，因為教化需要，在英國基督教長老教會巴克禮牧師（Thomas Barclay）的規畫下，於一八八四年創立了教會公報印刷所，採用歐文活字將臺灣語文以羅馬拼音的方式，印刷出版了許多文教出版品，為現代活字印刷技術傳入臺灣首開先河；在清帝國本土則先後有傳教士馬禮遜（Robert Morrison）、戴約爾（Samuel Dyer）等人及姜別利牧師（William Gamble）

引入了西方活字鑄造的方法，開發中文鉛活字，經由澳門、廣州等地，一直到上海，中文鉛活字印刷系統因此而逐步拓展。

一八九五年，因甲午戰爭失敗，清帝國放棄了臺灣，轉由日本國入主成為臺灣的殖民母國。基於日本在十九世紀中葉以後，歷經明治維新全面西化的過程，挾其現代化改革成功的經驗，也對臺灣產生了全面性的影響。

承襲自歐洲數百年西式印刷的技術，經改良適於東方文字的特質，透過殖民臺灣的過程，現代化的活字印刷復經日人消化之後，藉此技術的移入，在臺灣開始有了技術擴散的基礎，這其中應可以一八九八年創設於臺北的臺灣日日新報社印刷廠為代表。後來，許多民間活字印刷業者也由此經歷，而有了現代化的活字印刷事業發展的機會。

一九四五年之後，日本在戰爭中失敗，臺灣轉由國民政府治理，又因其在中國大陸的動亂中失去政權，全面撤到臺灣，技術的融爐因此有了再次注入新血的機會。

自清帝國門戶開放以來，為了宗教傳播，傳教士帶來了西方的印刷技術，後續亦影響了一八五八年姜別利牧師來華主持的美華書館，並建立起中文鉛活字系統、影響了鑄字與印刷的方式發展以及技術的擴散。其中最具代表性的是美華書館的幾位資深技術員工於一八九七年在上海合作創立了商務印書館，進行現代化的中文活字印刷出版，也因此造就遠東最大的出版公司，人才培育、技術服務方面也據此日見興隆。一九四九年，臺灣遭逢一場政治上的大遷徙，印刷專業技術方面，也不乏原在中國大陸發展的經驗投入，人才、觀念、工具、方法等均再次散布融入，成為臺灣印刷產業的一部分。

戰亂中，將中文正楷活字銅模，從廈門運送來臺灣的「風行鑄字社」，重新在臺北開業之後，擴散了正楷字體活字的使用與傳承；在臺灣使用注音連積字（注音與國字為一體）銅模進行活字印刷的《國語日報》，除保留了文化需求，也促成了民間業者曾經有的活字開發的努力；成立於一九三○年代的「普文」、「中南」活字鑄造，「清水」、「明山」活字印刷，則是源自日治時期的技術系統；一九七○年代以活字書版的紙型外銷，尚且活絡一時。凡此種種，俱見活字印刷榮景之當時。

一九五○至一九六○年代，是臺灣活字印刷的昌盛期。伴隨著美國經濟援助臺灣的背景，印刷技術的發展也受到美國的影響。同時，因應著經濟繁榮後，量大、快速的需求，科技進步也不斷地改變印刷的流程，活字印刷開始轉型採用紙型複製鉛版印刷，進而以活字檢排打全樣供照相平版；一九七○年代以後，打字排版逐漸取代了活字排版工作，民間書版活字印刷就開始萎縮了，印刷方式也由熱式活版進入冷式平版的時代；一九八○年代起，因為中文字電腦排版科技的應用，平版印刷已占據百分之八十的天下，臺灣活字印刷產業的景況，幾不可同日而語。

溯此源流，可知臺灣活字印刷發展乃藉由與國際社會的交流，融合了多元的技術面貌，伴隨著常民文化，創造後世之價值。活字印刷產業式微的時代裡，若能「睹物思情」，當是「彌覺珍惜」呀！■

2

檢字

Selecting

阿珠姐，本名游珠，專業檢字師傅。十八歲從臺北的北投復興中學畢業後，曾學習過中文打字，沒想到沒碰著打字職缺，故轉到活字印刷業。阿珠姐正式待下的第一家鑄字行是臺北萬華地區山水街的「永成」，她從補字學徒當起，三年後出師，一待就是二十四年。

要做「檢字」得先從「補字」學起，阿珠姐說，「補字」就是隨時把新的鉛字補進空出來的字架，比如說當檢字師傅喊著需要「三棵木頭」，補字員就得立刻補給檢字師傅三個「木」字。

為什麼檢字員可被稱作師傅，補字卻是新進人員的工作呢？不都是看字、取字嗎？阿珠姐說，檢字師傅不僅要熟練到完全不用看著字架，手一伸就能抓到需要的字，更重要的功夫是要能夠辨認原稿筆跡，且經驗豐富的檢字師傅，甚至不需要看完整個段落，憑上下文就可以直接檢出正確的字。

阿珠姐歷經臺灣活字印刷業相當繁盛的時期，她所任職的永成鑄字行，還算不上當時的前三名，卻已經有一百餘坪、連地下室整棟共四樓的廠房，全廠一度多達七十幾位師傅、十幾台鑄字機。阿珠姐說，每天從早上八點工作到晚上九點，字架前面一站就是十幾個小時，即使農曆年，工廠也把員工留到除夕當天下午三點才肯放人。除此之外，要是難得有空，還有其他印刷廠聞風來拜託幫忙，阿珠姐回憶說。

活字印刷這一行曾處在如此全速運轉的時刻，然而，隨著平版印刷新技術的到來，各個環節都面臨巨大且立即的衝擊。鑄字廠的規模大幅縮小，持續資遣員工，

檢字師傅經常一站就是一整天，除了需要眼力，也很耗費體力。

阿珠姐是那留到最後的七個人。可是，好景也撐不了多久，老闆最後在一天內將全數人員資遣，隨即正式歇業。「我清楚記得那個時刻，當時我剛要搬出三重的婆家，在板橋買了房子，想說到萬華上班很方便；但人哪能預知未來？房子才剛蓋好，永成卻收了。」在阿珠姐的微笑中，彷彿仍看得到她當年心中的波濤洶湧。

阿珠姐接著進了艋舺大道上的「振興」，在那裡待了十幾年，直到被資遣，是年五十一歲，也就順勢退休。活字印刷業在那之前早已大大沒落，即早反應的振興靠著活字之外還兼做電腦印刷的業務存活著，而那時若單純只算活字的業務，除了新埔教會的週刊，幾乎只剩紅白帖，而僅存的這些案子清一色「因為凸版做起來字比較漂亮」這一原因而堅持著。比較特別的是，當時的財政部有位長官視力不太好，仍偏好有陰影、看起來較立體而好辨認的凸版字，堅持所有內部文件都維持活字印刷，這案子，讓對口的印刷廠與鑄字廠還多撐了好些時日。

* * *

阿珠姐的先生也是同行，是排版人員，兩人曾在同一家印刷廠短暫同事過，而後戀愛、結婚，育有兩個孩子；孩子年幼時，有婆婆幫忙帶，讓夫妻倆全心全力地忙於工作。阿珠姐說，如同其他行業，女性師傅在早年是少見的，但後來民風比較開放，出來工作的女性變多，不過，結婚後通常就會因為得回家煮飯、帶小孩而辭職或不能配合加班；男性從業人員就沒有這樣的差別，甚至還有許多白天在印刷廠

字架的排列有其規則，基本上以部首及常用程度為依據。

工作、晚上又到報社兼職的例子。

這麼忙，聽起來是活字印刷的大好年代呢，當年進這行是人人稱羨的吧？阿珠姐笑著澄清，真正的黃金年代才不是這個時候呢，「我父親、公公那年代，做印刷才是真的前途光明，印刷業師傅們都打著領結、穿著西裝上工，下班後去舞廳唱歌、跳舞。那時啊，人們有句俗話說『若嫁印版工，沒吃聞也香』，可到我們這一代呢，這話就改寫了，變成『若嫁印版工，如同死了尪』，窮忙而已啦！」阿珠姐笑著說。

＊＊＊

問起檢字工作生涯裡，哪部分最為艱難，阿珠姐不假思索地說，「需要二校字的時候，尤其是古文的案子，一大堆二校字。」她立時將字架拉開，露出了下層。「二校字」指的是少用的字，對於資深檢字師傅來說，平常憑著手的記憶快速就可以檢出需要的字，可是一遇到二校字，就一點也急不得，只能慢慢找。有趣的是，二校字不一定是罕見字，「例如『胖』、『胚』，這些字大家都認得吧，可它們其實很少用到。」阿珠姐說。不過，最麻煩的是，有時真的需要用罕見到根本沒有現成的鉛字，這時，就只好找出可組成該字不同部分的好幾個字，用切字機切割、拼湊在一起，或者另外找刻印師傅，以木刻字來代替鉛字。

那麼有趣的部分呢？阿珠姐遲疑了一下表示，在那個年代啊，工作就是為了生活呀，跟興趣沒有關係的，況且工作就是工作，還不就是那樣。可想了想，她還是露

右上：「菜刀」是檢字師傅不可或缺的工具。
右下：「菜刀」在檢字時可用來固定字盒中的鉛字。
左上：檢字師傅的手指總是因為接觸到大量鉛字而染黑。
左下：檢好的鉛字放在「土地公」（或稱「神祖牌」，以台語發音）上，接著包裝。

了點口風，「哎，有啦有啦，比如我最喜歡檢小說的稿，一邊工作還可以一邊看小說，還有，週刊上的凶殺案報導也很精彩！」阿珠姐說，其實印刷幾乎圍繞著人們全部的生活，不只是書籍、報紙、文宣，各種藥材、工具等也需要文字說明，只要有「字」，就需要「印刷」。

檢字要眼到、手到、心到。檢字人員不小心檢錯了字，校對時改過來就好，麻煩的是漏字，嚴重時整個版面都得重做，會帶給排版人員非常多困擾。現在人們已經不會遇到這種問題，「這都是電腦的功勞。」阿珠姐說。

電腦搶了阿珠姐你們的工作耶，難道不會生氣嗎？「怎麼會呢？每個時代都有被淘汰的東西。以前的人不是這樣說的嗎，『當雞就啄（米），當人就翻（轉）』，為了活下去，人就會學會變通啊！」阿珠姐淡然地說。

一輩子與「字」為伍的阿珠姐，和「字」的緣分似乎還沒斷，已退休多年的她，仍愛看書，甚至去了板橋區松年大學學英文，這兩年更因為以前印刷廠的老同事牽線，擔任了兩本活字印刷詩集《日光夜景》和《歧路花園》的檢字工作，並在後來的活版印刷文化保存活動中，持續和「日星鑄字行」進行不定期的合作。■

檢出來的鉛字要顛倒排列，因此排版師傅取出時才會是正確的順序。

02

Selecting

檢字流程

❶ 對照原稿挑出所需的鉛字。

▼

❷ 將鉛字按照順序放入檢字盒。

▼

❸ 成排的鉛字以俗稱「菜刀」的工具固定，以免滑落或弄亂。

❹ 檢完或排滿一個字盒的鉛字以棉線綑綁固定。

▼

❺ 將固定的鉛字取出字盒。

▼

❻ 將鉛字用紙包裹，準備送至排版廠。

每一筆，都是講究

談活字印刷字體

與談者＝黃俊夫
國立科學工藝博物館副研究員

與談者＝柯志杰
字體研究者

字體，是活字印刷品的特色之一，也是許多人之所以喜歡活字印刷品的理由。我們請到對字體素有研究、同時也參與活字保存計畫的黃俊夫、柯志杰，談談活字印刷的字體。

很多人都說活字「漂亮」，活字印刷跟電腦打字的字體最大的不同是什麼呢？

柯——其實沒有辦法明確地說哪一種字體比較好看。因為鉛字的源頭很多，彼此間差異很大，只能說鉛字的布局比較像書法，就拿最基本的楷書來講，在沒有電腦的時代，一定是先寫再刻，書法字體再經過刻的過程一定會變得有點不一樣。電腦造字則是用剪貼的，比如說先造一個「艹」字頭出來，然後每一個有「艹」的字都用它去拼，所以每一個「艹」都可能長得一樣。書法每一個字則會考慮左右、上下的平衡，以「歌」字當例子，鉛字的「歌」如果把「欠」拿掉，左邊的「哥」就好像要跌倒的樣子，這時拿「欠」撐住，看起來就平衡了。而電腦字型則可很明顯發現左邊是個「哥」，右邊是個

「欠」，切得剛剛好，各自的結構都很穩，抽掉其中一邊另一邊也不會有什麼問題。整體而言電腦字體還是比較重視統一性，鉛字則比較容易看出每一個字都是單獨的布局，但單獨中又必須考慮整篇文章排起來的協調性。

活字正楷體

華康楷書體

楷書是看起來比較明顯的例子，那其他字體也是這樣嗎？

柯——大原則一樣。當然，宋體就不會是用手寫的，其實鉛字的宋體也經過設計跟剪貼，只是它以每個字為單位去設計。其實，這個問題也跟時代有關，現代比較要求標準化，以前手寫的時代，每個字都可以按照自己覺得好看的方法寫。可是後來臺灣制定國字標準，為了配合標準，布局的自由度變小了。比如說勇氣的「勇」，以前的人可能會把上面寫成一個「田」，可是從標準化的角度看就不行了。

每家鑄字廠或印刷廠都各有差異很大的字體嗎？

黃——科工館在二〇〇〇年有一個計畫，找了「中南」朱老闆、「風行」第二代許先生、「中新」林老闆，還有「日星」張老闆進行座談。他們提到最早都是用日本留下來的字，大概一九四九年以後改用由廈門渡海來臺開設「風行鑄字社」的上海字，稱之「風行體」，那是當時業界公認最好的字體。那個時代比較沒有著作權的觀念，大家會直接模仿或找個老師傅來修改，所以不同鑄字廠的字體可能其實寫法幾乎是一樣的。

柯——臺灣早期用「電胎」做鉛字，就是用木頭做好一個「種字」，或是直接拿別家的鉛字，利用電解技術做成銅模。可是那沒辦法放大縮小，只好每個級數都各寫一次。這種做法也不耐用，只是比較便宜。戰後有了雕刻機，可以放大縮小，等於做一個模可以雕出初號到六號各種尺寸，也比較耐用，可是這種做法很貴。

這也影響到後來的文字設計，因為大家會更挑剔細節，書寫感會漸漸消失，反而設計感增加。比如明體就會考慮一套字裡每一道橫的筆畫最後那個三角形的角度要不要一致等，等於字體設計也變成尺規作圖的時代。

所以說風行鑄字社因為楷書盛行了一段時間？

黃——楷書是「風行」崛起、也是後來沒落的原因。它沒有別的字體，印刷廠得分好多家買字，很不方便，再加上後來它的字體也被別人複製走了。「風行」營運的時間大約是一九四九年到一九六八年那段時候，風行第二代回憶說，那時候鑄字機還是手動的，來不及鑄那麼快，買字的人得在門口等，排隊的人多到甚至可以吸引攤販聚集。

「中南」則是大概一九六六年左右才以「風行字」為主體修整出楷體字，不過他們的銅模是在日本製作，當時日本負責雕刻銅模的公司看到這套楷體，便向朱先生央求以免費刻整套銅模來換取留下一套字體稿。當時刻一套銅模大約要三百萬元臺幣，但是朱先生沒有同意，可見當時日本人看到朱先生修整後的楷體有多麼「驚豔」！加上他們首先擁有電動鑄字機，生產速度快，一家又可買齊不同字體，後來就成為全臺灣最大的鑄字行。

除了一般見到的楷體、宋體、黑體，還有其他字體嗎？

柯——比較特別的是節慶字體，不過整套可能只有「恭、賀、新、禧」四個字，不能算是一套特定字體。因為開發成本太大，鉛字時代主要只有宋體、楷書、黑體，頂多加上長宋。每種字體都有固定功能，比如黑體都是排關鍵字或重點，不會排內文。那個年代幾乎都拿宋體當內文用、黑體當粗體用，楷書可能就排一些課本、獎狀，或是文章中的引言。

黃——國語日報最近整理出一套有加上注音符號的鉛字，只有臺灣才有，非常珍貴。

柯——關於字的發音符號，日本只需要標音，不用標聲調，所以可以用組合的；但中文因為有四個聲調，甚至輕聲，乾脆把漢字跟注音做成一個字，排版才方便。

活字印刷字體有可能「復刻」、數位化成可用的電腦字嗎？

柯——我覺得問題在「復刻」的目的是什麼？大家喜歡活版印刷字，其實就是喜歡它粗糙、印出來有點油墨的樣子，可是真的修好之後，它會變得很乾淨、很耐用，問題是「日星」的字適不適合這樣修？要以銅模的樣子還是印出來的樣子為準？老實說修字真的是憑直覺，很難定出一個標準。

現在的平面設計師不一定對活字字體有足夠理解，很難做出好看的東西。所以說修好的字體要不要拿去掃描、數位化成一般字體使用？我比較贊成建立成圖庫，少量使用。無論如何，字體如何保存及運用其實關係到目的，這是應該去思考的。■

3

排版

Typesetting

林金仁，「日裕印刷」負責人、臺北市印刷業職業工會理事長，從十七歲開始，至今不曾離開「活版排版人員」此一崗位。

* * *

十七歲甫初中畢業，林先生便進入臺北市雅江街的「福元印刷」擔任學徒，該廠為詩人黃荷生家族所有，知名的《現代詩》、《劇場》季刊均曾在此印刷。隔年，林先生進入位於剝皮寮，專門印製《華報》的永華印刷廠，該報刊主要刊載影視消息，可說是當時西門町電影街生態的重要一環。因當兵曾短暫中斷排版事業的林先生，退伍後再度回到《華報》，不料幾年後該報出售給《民生報》，幸而他順利考入當時臺灣最大的《新生報》，這一待，就是二十二年。這段時間，林先生累積了豐富的人脈和專業聲譽，讓他在報社工作的暇餘也可另外接案，白天做自己接來的業務、晚上在報社上班，為了不浪費通勤時間，連房子也租在附近。

林先生自己的印刷事業始於貴陽街的「大光華印刷廠」，因為與老闆熟識，他獲得印刷廠劃出的一個區塊來開業，幾經輾轉，也曾搬到板橋地區的銘傳街、觀光街，時名「順華印刷」，直到一九八八年，才在現址昆明街頂下「日裕印刷」。

回憶起當年活字印刷這行的盛況，林先生說，一級戰區就是他所在的臺北萬華地區，包括貴陽街、西昌街、大理街、西園路、內江街，整個區域有多達三、四百家以上的印刷廠，走在路上每隔兩戶就遇見一家從事印刷的情況並不誇張。這樣的景況或可歸因於當時臺灣幾個主要報社正是

年近從心所欲的林先生，確實是做著自己最擅長又投入的活版排版工作。

聚集於此：除了中山堂旁的《新生報》，還有永福街的《民族晚報》、大理街的《中國時報》、康定路的《聯合報》，而在《聯合報》對面就是無黨派老報《公論報》。那是一個現今難以想像、也再也無緣親蒞的活字印刷盛世。

然而，當一九八二年《聯合報》砸下重金，全面轉換為電腦排版，另一個時代已悄悄開啟，其他各報也陸續跟進，「《新生報》幾乎是最後一個轉換的。」林先生說。終究，科技日新月異所帶來的洪流，是不可能抵禦的。一九九三年，《新生報》正式轉型，報社內的檢排人員也被一一資遣。昔日的印刷街榮景不再，全區的廠家也一間間關門或改行。

活字印刷業邁向消亡，許多師傅已經五、六十歲，一輩子只待在印刷業的其中一個環節，不會其他技術，一把年紀了要換個領域從頭學起談何容易？林先生說，在那個時候，臺灣的營造業發展蓬勃，大樓不斷蓋起，同行的老戰友除了改做小生意，其中許多人就順勢轉行當了大樓的保全或管理人員。

* * *

「排版不講，光檢字，我一天就可以檢一萬兩千個！」此時的林先生已練就嫻熟的技巧，再憑著資深的報社經歷和長年累積的各方人脈，當活字印刷業敲起警鐘時，他離開《新生報》，專心投入自己的「日裕印刷」；前幾年的生意還算穩定，一度請了四位師傅，「光《司法周刊》和《育達周刊》，一週就有三十二個版面要排，加上每個月發行的《臺灣稅務報》，

林先生的排版檯有條不紊，樣樣不缺。

以及兩個月一次的防癆協會刊物，生活大致還沒問題。」

但產業持續沒落的事實，不是緩步，只見加速。九〇年代後期，曾是全臺灣最大的「中南鑄字行」與另一家「協盛鑄字行」在幾年間相繼宣布歇業，在象徵意義上，那背書著這行已是不可逆轉的夕陽產業，就實質情況而言，「我恐怕再也沒有地方可以檢字、排版了。」林先生感嘆。這時的「日裕」只留下一名師傅，加上林先生自己，也已綽綽有餘。

在這段時間，林先生先後賣掉兩批鉛字，調整版面行距用的厚薄木片也送燒毀，且因為不再有繁重的業務需求，忍痛將當年以十幾萬買來的打樣機當作廢鐵賣掉，「只賣了三千多臺幣。」林先生苦笑說。

二〇〇〇年後，林先生進入半退休狀態，零零星星接著藥袋、電腦報表、勞工局勞工教育教材等案子。其中較複雜、昂貴的業務，大概就是主要用來擇日及作地理風水參考的「通書」了，相較於一般書報雜誌一個版面大約兩百多元，內容繁複的通書則要價一千元以上，「只是這幾年，連通書的檢排也電腦化了。」

因為「中南行」與「協盛」歇業，林先生開始與太原路的「日星鑄字行」配合，不過因為臺灣北部與中部活字字架的排列方式有所分別，「日星的排法是中部來的，我因為不習慣，檢不快，效率差很多，後來我自己在那裡弄了個字架。那個『五號宋體』的字架就是我做的。」林先生難掩驕傲道。

右上：需要特殊尺寸或組合罕見字時，可用切字機進行切割。
右下：林先生近年來的業務多為表格或信封的排版。
左上：利用鉛字切下來的各部位去組成所需的罕見字。
左下：用來調整行距及填補空白的木條分為多種厚度，需要清楚的數學頭腦去計算倍數。

四分

＊＊＊

林先生的另一身分是從二〇〇二年開始的臺北市印刷業職業工會理事長一職。早年報社還沒有產業工會時，相關勞工均加入印刷工會，會員一度達一萬多人，期間曾流失了幾千人，有一度更降到只剩三、四百人。林先生擔任理事長後力圖改革，除了讓工會人數回流到上千，還連續八年被遴選為優良工會。另一方面，他也希望可以由此付出更多努力來參與保存、傳承活字印刷文化。

今天的「日裕印刷」已很難看出往昔忙碌運轉的模樣，取而代之的，是林先生將相關設備與用具整理得既清晰又明白，只要一向他提出關於活字印刷產業或技術的疑問或興趣，林先生立刻就可以找出素材，詳細地說明。鉛條、木條、卦線、鉛角、排版桌、打樣機、滾膠、調墨刀，還有以前的印刷成品、名片、業內往來的單據或資料，讓這間小型排版廠看來像個文物間，更重要的是，林先生的確抱著要將所有知識與收藏貢獻給活字印刷文化保存的心思在保留、整理這些物件。

「你看這個、還有這個，這我都不會丟，不會拆（版），以後全部都要放到博物館！」爬上爬下、走來走去，不停搬出各種壓箱寶、兼走到隨時可以開工的工作檯前指著檢好的版面，林先生堅定地說。■

可當作紙鎮使用的鉛塊已經使用了幾十年，披著陳舊又踏實的質感。

03

Typesetting

排版

流程

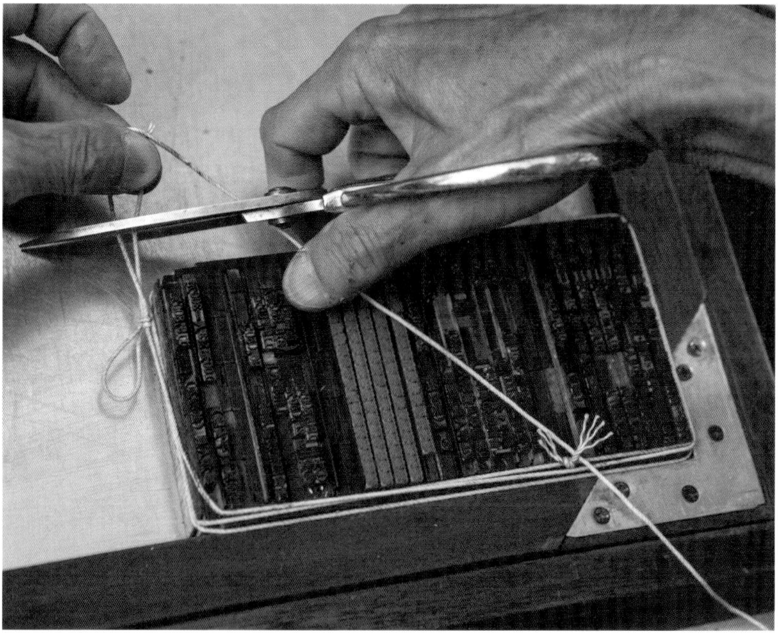

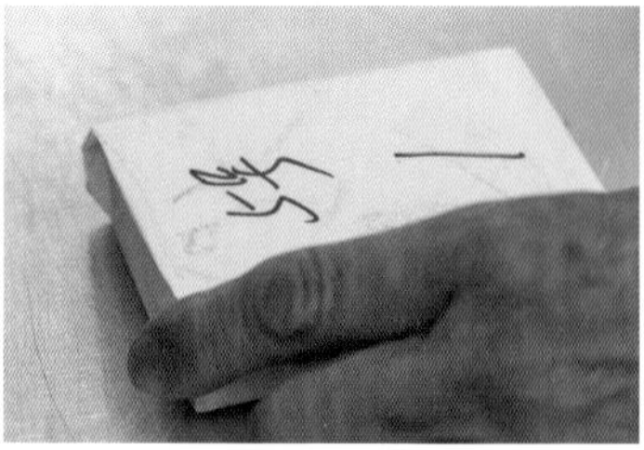

❶ 從鑄字行送來的鉛字以號數分裝，方便排版師傅取出使用。

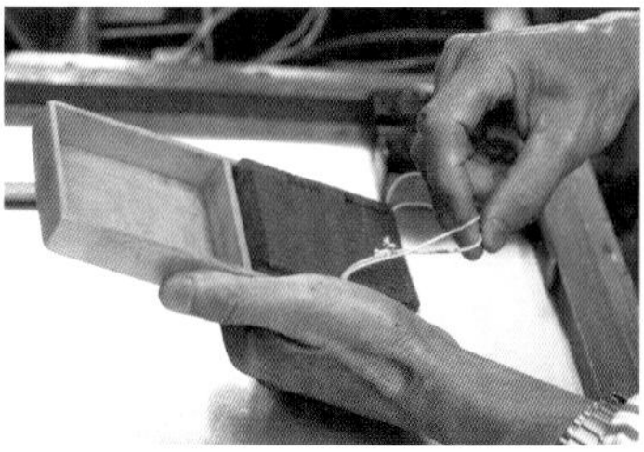

❷ 將取出包裝的鉛字放入字盒，拆掉棉線。

❸ 在排版檯上，取出字盒中的鉛字依照版面大小排入，並以鉛角、木條調整行距與字距。

❹ 排版完成的鉛字以棉線固定，並用鑷子作細部調整。

❺ 將排好的鉛版放上打樣機。

❻ 將鉛版上墨。

❼ 將紙張放在鉛版上方。

❽ 轉動滾輪，壓過紙張及鉛版，即完成打樣，可供校對。

還是鉛字印得漂亮

出版人談活字印刷

專訪洪範書店
葉步榮、葉雲平

鄰近作家王文興故居、也是《家變》場景的紀州庵，不遠處是過去林立舊書店的牯嶺街，這裡是廈門街一一三巷，一個巷子裡，除有詩人余光中居於此，「爾雅」與「洪範」兩家出版社也都開在這裡。過去文學圈素有「文登二大報，出書找五小」的說法，暱稱「五小」的五家文學出版社，這巷裡就占了兩家。

電腦排版、印刷的技術當年如此來勢洶洶地欲取代舊式印刷術，活字印刷產業瞬間陷入了無可挽回的頹勢，而當其他出版社順隨進入新的印刷紀元，洪範卻勉力支撐，為臺灣最後一本鉛字印刷書籍的「初版」時間，硬是再往後延了幾年。為什麼非堅持鉛字印刷不可？「因為好看。鉛字字體結構的漂亮、凸版印刷的立體感，電腦完全無法相比。」葉步榮先生毫不猶豫地說。

電腦技術盛起的初期，字體之粗陋，讓文學出版社是完全看不上眼。字的「模樣」畢竟牽涉到物質性，對老出版人而言，沿用了四十多年的字體與電腦字體仍難以並論。

面對現實的置宜之道

「永裕」這家印刷廠自有一套日本字體，且可鑄模，對字體一向講究的葉先生在印刷師傅日漸短缺、無力承接大量業務時，仍繼續在永裕檢字、排版，然後另找自行開業的印刷師傅付印。

當活字印刷產業各個環節開始崩解，產量與品質無可避免地面臨下降，洪範試著以階段性的轉換代替瞬間投降。「活字印刷的『印刷』，不是單純將鉛版與紙張扣上即可，一個版會因標點、空白的分布等各種原因產生不均勻的壓力、輕重，使版面結構歪斜，需要靠人為精細調整，才能達成完美的成品，而這完全依賴師傅的功力」，葉先生說。這時洪範的妥協方法是改用照相打字，意即先將字打在相紙上，再以平版印刷，雖沒有了凸版的立體感，但仍有鉛字的秀麗，張系國的《男人的手帕》即是這時期的出版品。

接著，鑄字廠相繼歇業，洪範終於不得不轉向電腦打字，但採用了一套日本製作的電腦字體，其型態算是頗為接近之前臺灣普遍使用的日製鉛字；然而，保有這份美學堅持的人畢竟只是小眾，這套字體逐漸不再更新與擴充，遇到缺漏的字只能從別的字體系統取，直到這個時間點，洪範才忍痛結束使用鉛字印刷，這最後一本，是一九九七年出版的《徐志摩散文選》。

這數個階段並非斷然割開，而是交替著採用幾種方式；當時洪範的出書量算大，可是活字產業規模急遽縮小，因此採用平版或電腦印刷的書籍比重必然持續增加。「活字的工精細，且成本也高，所以當時還

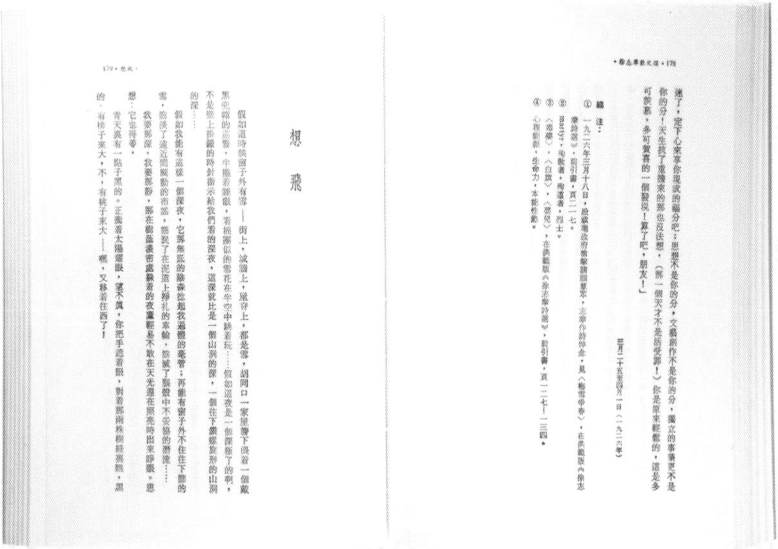

迷了，定下心來享你現成的福分吧；思想不是你的分，文藝創作不是你的分，獨立的事業更不是你的分！天生扛了重擔來的那也沒法想，（那一個天才不是活受罪！）你是原來輕鬆的，這是多可羨慕，多可賀喜的一個發現！算了吧，朋友！」

三月二十五至四月一日（一九二六年）

編注：

① 一九二六年三月十八日，段祺瑞政府衛隊鎮壓請願群眾，志摩作詩悼念，見〈梅雪爭春〉，在洪範版《徐志摩詩選》，前引書，頁二一七。
② martyr，殉教者，殉道者，烈士。
③ 〈毒藥〉、〈白旗〉、〈嬰兒〉，在洪範版《徐志摩詩選》，前引書，頁二二七—二三四。
④ 心理能徵，生命力，本能性欲。

想飛

假如這時候窗子外有雪——街上，城牆上，屋脊上，都是雪，胡同口一家屋簷下偎着一個戴黑兜帽的巡警，半攏着睡眼，看棉團似的雪花在半空中跳着玩……假如這夜是一個深極了的啊，不是壁上掛鐘的時針指示給我們看的深夜，這深就比是一個山洞的深，一個往下鑽螺旋形的山洞的深……

假如我能有這樣一個深夜，它那無底的陰森捻起我遍體的毫管；再能有窗子外不住往下篩的雪，篩淡了遠近間颺動的市謠，篩泯了在泥道上掙扎的車輪，篩滅了腦殼中不妥協的潛流……我要那深，我要那靜，那在樹蔭濃密處躲着的夜鷹輕易不敢在天光還在照亮時出來睜眼。思想：它也得等。

青天裏有一點子黑的。正衝着太陽耀眼，望不真，你把手遮着眼，對着那兩株樹縫裏瞧，黑的，有棒子來大，不，有桃子來大——嘿，又移着往西了！

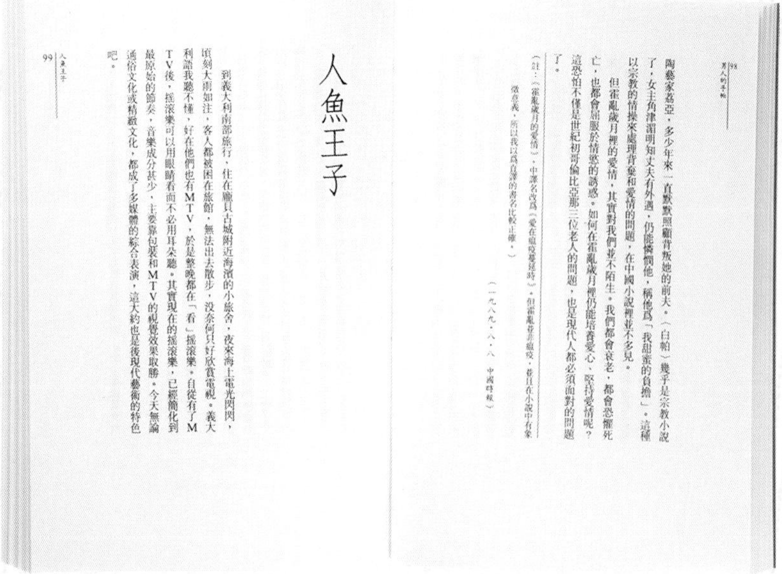

陶藝家葛亞，多少年來一直默默照顧背叛她的前夫。〈白帕〉幾乎是宗教小說了，女主角津溜明知丈夫有外遇，仍能憐憫他，稱他為「我甜蜜的負擔」。這種以宗教的情操來處理背棄和愛情的問題，在中國小說裡並不多見。

但霍亂歲月裡的愛情，其實對我們並不陌生。我們都會衰老，都會恐懼死亡，也都會屈服於情慾的誘惑。如何在霍亂歲月裡仍能培養愛心、堅持愛情呢？這恐怕不僅是世紀初哥倫比亞那三位老人的問題，也是現代人都必須面對的問題了。

（註：《霍亂歲月的愛情》，中譯名改為《愛在瘟疫蔓延時》，但霍亂並非瘟疫，並且在小說中有象徵意義，所以我以為直譯的書名比較正確。）

（一九八九・八・八　中國時報）

人魚王子

到義大利南部旅行，住在龐貝古城附近海濱的小旅舍，夜來海上電光閃閃，頃刻大雨如注，客人都被困在旅館，無法出去散步，沒奈何只好欣賞電視。義大利語我聽不懂，好在他們也有MTV，於是整晚都在「看」搖滾樂。自從有了MTV後，搖滾樂可以用眼睛看而不必用耳朵聽。其實現在的搖滾樂，已經簡化到最原始的節奏，音樂成分甚少，主要靠包裝和MTV的視覺效果取勝。今天無論通俗文化或精緻文化，都成了多媒體的綜合表演，這大約也是後現代藝術的特色吧。

洪範書店最後一本使用活字印刷印製的《徐志摩散文選》（上圖），以及第一本使用照相打字的張系國的《男人的手帕》（下圖），兩者相對照，可看出字體及版型的差異。

採用活字印刷的出版品可作為行銷賣點，例如魯迅和沈從文作品、王禎和的《嫁妝一牛車》等。」

好的鉛字和印刷工夫是成就優秀活字印刷出版品不可或缺的元素，無法擁有這些條件，洪範也就毅然決然地揮別了活字年代。只有當過去鉛字書籍再版時，若內文有相當改動，為避免活字和電腦字的版面協調性問題，才針對該些段落去檢鉛字製版，例如莫言的《天堂蒜薹之歌》再版時的最後一章就做了上述處理。

編輯工作亦反應在書籍品質

活字和平版印刷時代，在編輯流程上的差異並不大，不過，倒是有獨屬於活字的常見編輯問題：例如，排好的版在搬送過程中受到碰撞，或者因工人疏失移動到版面，可能邊角的字被碰損、掉出的字被直接插回去卻放顛倒了，造成已做好校對，但印出卻發現又有錯誤的情況。特殊的「避頭點」（每一行的第一字不可是標點符號）處理方式則是將前一行的標點以人工切字方式縮小，略作上提，將空白壓縮，讓原本會出現在隔行最頂的標點併入此行。

臺灣的活字印刷多採用偏大的九號字，葉先生說，若在鉛字品質、銅模、紙張和印刷技術上都能更嚴謹，就算字小一點，亦能清晰。葉先生以日本為例，只要銅模稍有模糊就會重鑄；排版時調整行距的條塊，不是使用易熱脹冷縮的木料，而是不鏽鋼；排好的版不是只用繩子捆起，而是用特殊的固定方式，將搬運過程中版面被碰損的情況降到最低。看似細節，其實都是對出版品的堅持。■

中華全自動送紙机

4

印刷

Printing

在一個平日的午後，從臺北青年公園旁轉進平行的街巷，兩旁低矮的房子，有的拉上鐵門，有的半開著；鐵工廠、課後安親班、雜貨店的招牌零星散布著，其實這就是臺灣尋常的住宅街廓。很難想像，這裡曾是從臺灣活字印刷產業最主要區塊西門町周沿延伸出來的「印刷街」之一。

蘇先生與他的印刷廠，就在這條巷子上的一處民房，原以為長長的街屋才容納得下「一個印刷廠」，但推開了門，十坪出頭的一樓前廳，兩台活版印刷機赫然在眼前，除去靠著門的小辦公桌，和一個簡單櫃子放著什物與電視機，印刷機占據了幾乎全部的空間，也因此更顯巨大。

這個四十年來不曾改變的場面，貼切無比地同時譬喻了與印刷機如影隨形的人生歲月。

＊　＊　＊

蘇先生，十五歲時從家鄉臺南白河北上打拚，在印刷廠落腳，當起學徒。「別看我是鄉下小孩、沒讀太多書，學起來可快呢！學檢字時，鉛字以字典部首排列，我三天就摸得熟透，師傅想考我還考不倒呢！」蘇先生難掩驕傲地說。

年輕氣盛，學得快也受師傅賞賜，蘇先生換過好幾個地方工作；環河南路、許昌街、水源路、太原路、汕頭街（今艋舺大道）、萬大路，甚至基隆市。不過，換來換去都還在印刷廠。從學徒到二十三歲當了領班，印刷的每個環節，檢字、排版、印刷，對蘇先生來說，是行內事，也是分內事。

二十九歲頂下了克難街（今青年路）的「文玲印刷廠」，蘇師傅正式升格為「蘇老闆」。幾年後，曾一度把工廠收掉，隨弟弟去賣皮鞋，但不出幾年，還是回到老本行。

蘇先生的印刷廠是工廠也是家，原本應是客廳的空間就擺著兩台活版印刷機。

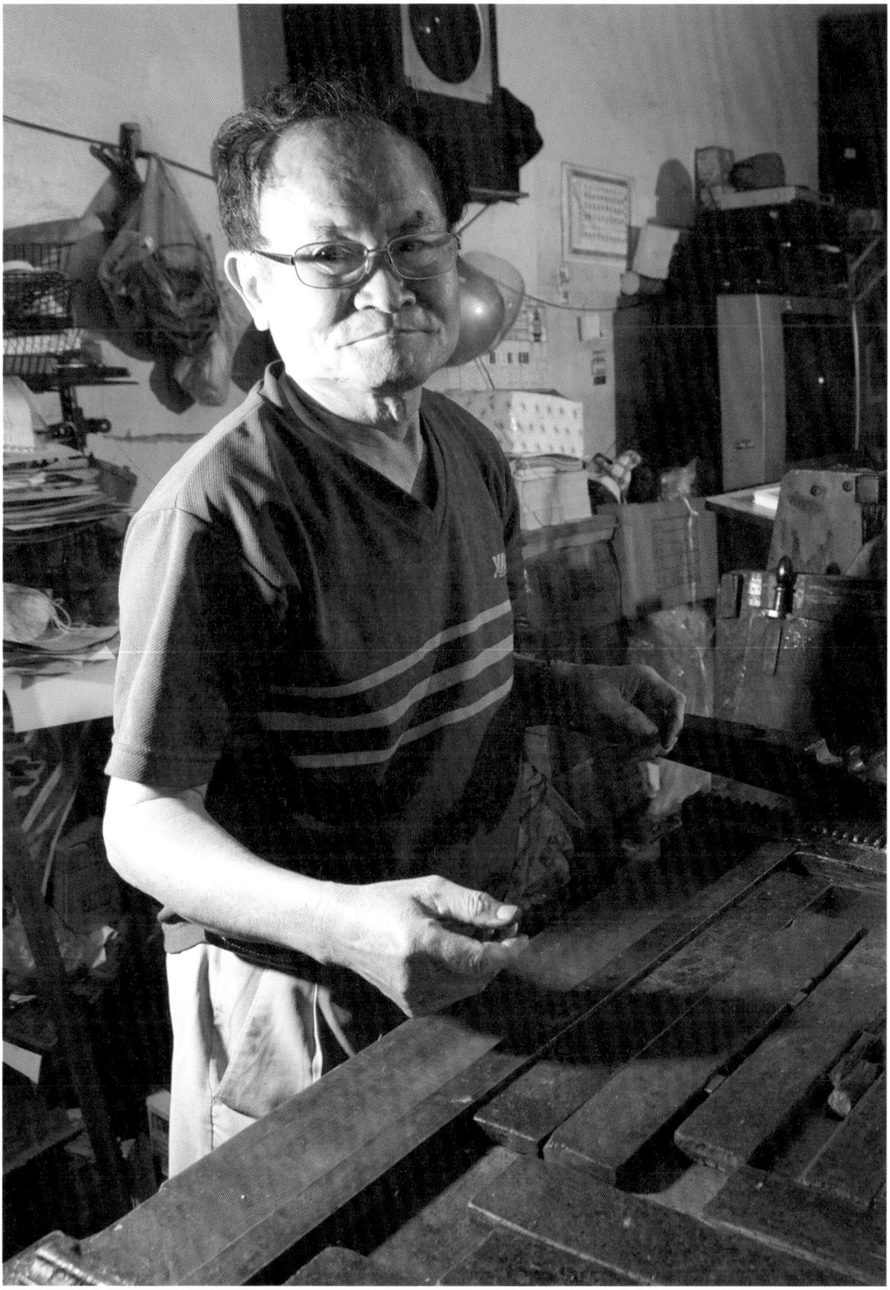

12
DROP FORGED

這次來到了青年公園附近的現址，且起了新名字，從當年輾轉在各個印刷廠的不定歲月，打造起由自己調度、運作的正式崗位。

蘇先生從入行以來，看著大印刷廠的運作，除了一身熟練的手藝，對於經營也絕不陌生。那是臺灣景氣最熱絡的時代，印刷廠中一度有七到十人同時在線上工作，除了蘇先生負責業務，三台機器各有師傅與學徒，另外還有專人負責排版、拆版和檢字。

忙起來的時候，這不僅是蘇先生的家，也是員工的家，包吃也包住，晚上和假日持續加班，公司表格、信封、名片、單據，業務絡繹不絕，印刷廠在第一線直接見證著臺灣的經濟奇蹟。

＊＊＊

每當一台機器運作，就發出轟隆與啪啪巨響，站在機器另一邊講話的聲音都要被掩蓋了。當年，就是在幾台印刷機同時開動的情況下過著生活嗎？蘇先生笑著說，「是啊，有什麼關係，機器在轉就是在賺錢啊！這聲音連隔壁都聽得到，可是每一家都一樣，而且大家都知道，總是要賺錢過生活啊！」

話鋒一轉，蘇先生有點感慨地說，「現在當然不一樣了，鄰居早就換過一輪，要還出這麼大聲音，大概整條街立刻都會去報警、找環保署來了；不過話說，其實也不會了，早就沒有當年那種生意了嘛！」

一邊說話，蘇先生一邊拿著扳手、鉗子，在印刷機旁梭巡，其中一台還加裝了電動送紙台，對著這處那處敲敲拉拉，進行著外人很難辨別出「哪裡壞掉了嗎？」「喬來喬去的主要差別在哪裡呢？」的細膩微調。

上：蘇先生將幾個尚有往來的老客戶所使用的鋅版、木版及橡皮版收納在抽屜裡。
下：經年累月使用來組版的道具已被敲出凹痕。

「從好多年前開始，早就沒有人在修理或維修這機器了，當然只能我自己來。還好這麼久以來我也摸熟了！」蘇先生的話語透有關於這行凋零的落寞，可另一方面，那習慣性、甚至本能性地那樣一停下手邊印刷工作，就忍不住對機器喬一喬的身影，更多地透露著，那個表面上的「吃飯傢伙」，是怎樣在一個人生命中占據著親密的位置。

活字印刷的沒落，幾乎可以用「劇情急轉直下」來形容，石油漲價、電腦平版印刷興起，曾經撐起各行各業的設備與職人們，好像在一夕之間就變得不合時宜了。

蘇家有五個小孩，前四個是女兒，兒子是老么。蘇太太回憶說，女兒們還小的時候工廠好忙，「她們還沒上小學的時候，就已經學會檢字，甚至還幫忙拆版。」可這樣的榮景卻在某個時間點上凍結了，當兒子長大到可以試探是否想接下印刷廠，不只兒子沒有太大興趣，甚至連蘇先生都沒信心、也不捨要孩子走進這夕陽行業。這個故事其實已走到一個不太可能再前進的階段。

「若不是這房子是我們自己的，後來賺的，連每個月房租說不定都還不夠呢！」蘇太太說。

* * *

印刷機上擺著「南昌醫事檢驗所」的表格印版，這是從「文玲印刷廠」時期就有的老主顧了；待印出的表單上頭是差不多的內容，字體與框線沒有太大改變，甚至還多了手工的溫濡漂亮。一切似乎都沒有變，可近半個世紀已一晃而過，一個熙嚷活絡的產業也靜靜消失了。

真是為了偶爾才上門、甚至多半也只需要

印刷工作常常一坐就是好幾個小時，這張工作凳子也透露出歲月的痕跡。

印個流水號的業務，還硬把兩台活版印刷機留在家裡，繼續作為「工廠」？

老一輩的人多半素樸而務實，難以從蘇先生口中套出「捨不得」這樣煽情的表白。蘇先生總是說過去的都過去了，哪有什麼好說的，間雜著偶爾就會冒出「電腦印刷很厲害，什麼都有，真的是又快又方便」這樣的服氣的了然。

可一旦站到機器前，開始那陪伴他大半個人生的印刷流程的操作，蘇先生眼神的專注、手的熟練、一啟動就不會輕易停下來的洗練，找不出一點幾分鐘前還說著「之前才賣了一千五百公斤的鉛字，接下來就是把機器當廢鐵賣了吧」的神情。■

右上：沒有加裝電動送紙機的印刷機，可印刷較厚或較特殊的紙材。
右下：在印刷不清楚的地方貼上一層紙，增加厚度便可增加壓力。
上：可自動跳號的打印流水號裝置，技術簡單，反而成為蘇先生這幾年的主要業務。

04

Printing

印刷流程

❶ 將鉛字版放上印刷機，若同時有多塊版則需依落版進行組版

▼

❷ 將鉛字版固定於木塊及木條中央，並拆掉棉線。

▼

❸ 多出的空間以木塊及木條填補，並壓實固定。

❹ 選擇該版印刷所需顏色的油墨。

▼

❺ 將油墨倒入油墨槽並調和，使其分布均勻。

▼

❻ 啟動印刷機，送紙印刷。

▼

❼ 同時檢查較不清楚的地方，貼上紙片以增加壓力。

P

出版社的資產，都在這兒了

再版與紙型

專訪洪範書店
葉步榮、葉雲平

在活字印刷年代，印刷完畢的鉛字活版會拆散，由排版廠回收鉛塊和木頭、鑄字行回收鉛字。面對可能再版的書籍，不論再版量多少，保留每一個可能重達兩公斤的鉛字活版、占據大量儲存空間，是相當不切實際的做法，更別提還需為無法歸還鑄字行的鉛字付出額外的費用。此時，出版社得把鉛字活版放入壓型機，在特殊紙質上，壓製出「紙型」（又稱「紙模」），留存下整個版面。需要再版時，將紙型置入澆鑄鉛版機的模型，注入澆灌鉛合金溶液以鑄成鉛版，再送機器印刷。若紙型上有錯字，亦可利用材料的韌性，將該錯字處泡水，使其由凹變平，再壓印正確的字上去。

每次加印都是對紙型的再一次損耗，紙型會隨著再印次數而慢慢磨毀，上限大約是四到五十次，多次加印後便會發現書頁邊緣變得模糊或者掉字，甚至有些字的結構會損壞，尤以筆畫越細的字受影響越大。考量到紙型的磨損，一本書若是出版前就評估可能多次再版，出版社會預做一套以上的紙型，以洪範書店而言，張系國的《棋王》、席慕容和鄭愁予的詩集等，都預先多做了紙型，其中，鄭愁予的詩集是洪範再版最多次的書。

對出版社而言，紙型是印刷流程中重要的環節，洪範長期配合的紙型廠是「一信」，直到該廠歇業，再與「華通」合作。由於紙型用特殊紙質製作，隨著活字印刷的全球性沒落，臺灣使用紙型的來源地德國、日本亦停止生產，不久便用光了庫存的材料。此時另一種加印方式是就「清樣」進行照相，再做平版印刷。清樣，即符合正式出版版面所發出的紙樣，這個方式雖無鉛版的立體質地，但可保留原版型與字體，只是之前在紙型上的勘誤必須重新來過。清樣也肩負了若紙型受到毀損，至

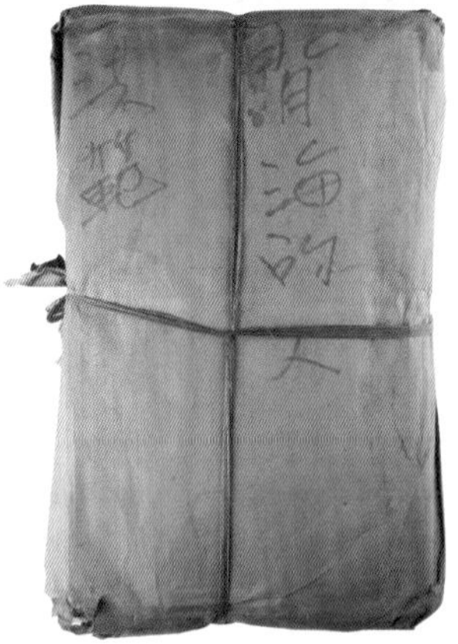

王文興《背海的人》的整套紙型尚保存良好，卻不再有機會使用。

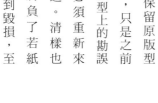

少還有一個原稿的功能。

以文學類書籍而言，當年一個版次的印刷量常以六千本起跳，「不像今天文學書能賣到兩、三千本就很多了。」洪範書店葉步榮先生說。人們口中常說的「初版」、「再版」指的原是活字檢出來排的那塊版，但同一個版可能加印、或也可能在校對或更動後修改或重製版面，所以「版次」或「刷次」這些詞並沒有依字面作嚴格定義。

回憶起再版合作，葉先生舉王文興的《家變》為例，原刊登於《中外文學》時為二十五開本，之後作家收回版權給洪範重新出版，洪範希望能重新排版，以適合三十二開本的版面，但作家開玩笑說，「要重排，我得向學校教職請假一年來校對。」這麼做必然耗費時間，故決定直接翻拍《中外文學》、縮小後印刷而成。「好些讀者來信抱怨，說洪範對版面美觀一向講究，看到這本，還以為我們變得馬虎。」葉先生笑說。但因該次合作建立起信任，加上《背海的人》（下冊）也進行重排，後來《家變》再版時，王文興點頭答應重排，不過，因為當時鉛字已不再普遍，最後用了照相打字，也真的花了一年校對。

葉先生說，出版社為了工作方便，多將紙型存放在印刷廠，「但有時想到也會緊張，這樣等於把自己的資產都放在別人那裡。」紙型這種材質怕水，每到颱風、淹水，出版業者們總要輾轉難眠。當時因紙型的脆弱擔憂，以清樣作為備份、再備份，孰知，紙型如今尚稱完好，竟是整個活字印刷產業一去不回了。■

使用特殊材質製成的紙型有相當硬度，但又富有彈性。其版面互為顛倒，壓痕深刻，還泛著鉛的銀光。

第二部

活著的樣貌

創新、活用與保存

臺灣的活字印刷產業幾近消失，不再有出版社以活字印刷印製書籍，活版印刷廠只靠表格或信封一類的少許生意偶爾開機、勉強經營，僅存的鑄字行迫於現實，收入來源逐漸轉向以觀光目的為主的散客。日星鑄字行負責人張介冠先生有感於活字印刷保存的急迫性，成立「臺灣活版印刷文化保存協會」，近年來致力進行日星鑄字行所擁有的字型的普查，並計畫將整套打樣，藉以掌握臺灣現存鉛字的較完整情況，為未來的保存及修復計畫定出方向及緩急的參考點。而為了不讓正體中文銅模消失，日星鑄字行引進CNC（電腦數值控制）技術，是目前全世界唯一使用該技術刻造銅模的鑄字行。

國家科學工藝博物館及中央研究院數位文化中心亦意識到活字印刷術保存的重要性，前者與臺灣活版印刷文化保存協會合作，由黃俊夫博士主持，於二〇一一年完成「正體中文正楷銅模及其字體數位典藏計畫」，將風行鑄字社後人捐贈的銅模重鑄鉛字，再予以數位典藏；後者亦與臺灣活版印刷文化保存協會合作，除了同樣進行字體掃描，也透過文物拍攝、從業人員訪問的方式，典藏記錄下傳統活版印刷產業文化。

活字印刷產業的消逝是不可逆轉的現實，可幸的是，其相關機具及材料尚有生產，並引領活字印刷術走出技術及產業，成為設計師、創作者、作家所選用的表現手法及媒材。無論其出發點是否聚焦於活字印刷本身，這些作品都以創新亦富含美感的方式展現出活字印刷的特色、多樣性與無限的可能性，亦將活字印刷拓展到設計、文化、藝術創作等領域，使其得以不同以往的樣貌存活下來。

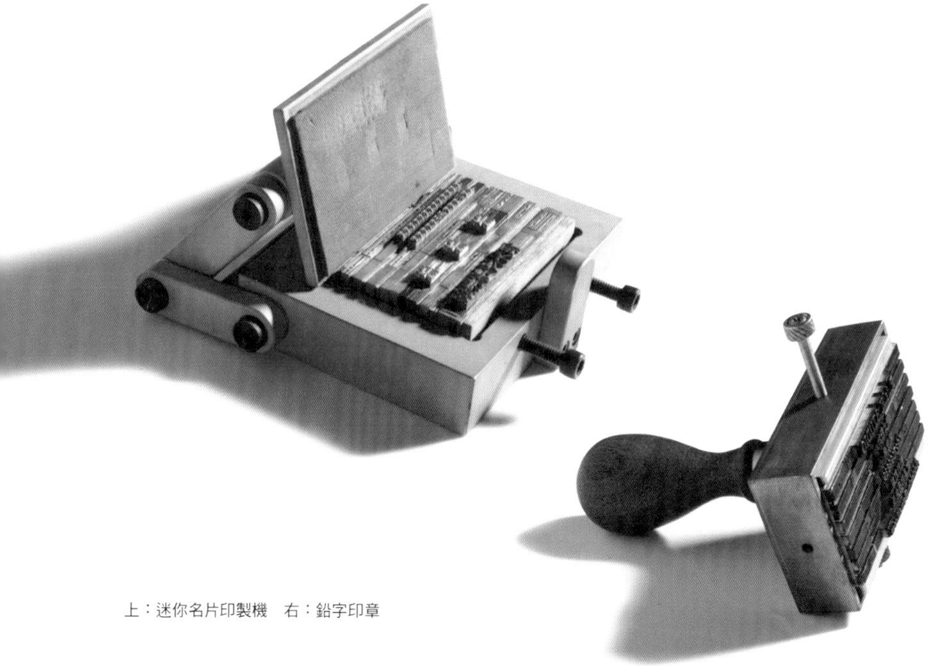

上：迷你名片印製機　右：鉛字印章

鉛字印章

臺灣設計品牌重新復刻歐洲於十八世紀因手工製書而製作的鉛字印章，為了提供更多功能，將印章加大至適合印製名片的尺寸，金屬部分採用傳統軟焊技術，純手工結合紅銅及黃銅，又為了方便置入鉛字，改良為可拆卸握把，並選用臺灣老木頭。

品牌：R is K Studio　設計師：吳俊儒、林芝因
年份：二〇一三　媒材：紅銅、黃銅、回收舊木料

迷你名片印製機

近年來名片印製成為活字印刷師傅新開發的客源，其中不少人希望親手體驗活字印刷的做法，日星鑄字行為此特地研發出這款迷你名片印製機，裝入鉛字，使用一般油墨，即可自己輕鬆印製名片或小卡片。此項工具已研發完成，不過尚未量產。

品牌：日星鑄字行　研發設計：日星鑄字行
年份：二〇一三　媒材：鋁、鐵、泡棉

三十二開圓盤機

可印製最大至三十二開的圓盤機如今已成為玩家等級的收藏品，目前僅剩英國、日本及中國仍在生產。全金屬打造的機身具備厚重紮實的份量及質感，使用方法也從未改變，使用者可透過親手裝上鉛版、上墨和換紙，體會操作機械的感動。（提供：日星鑄字行）

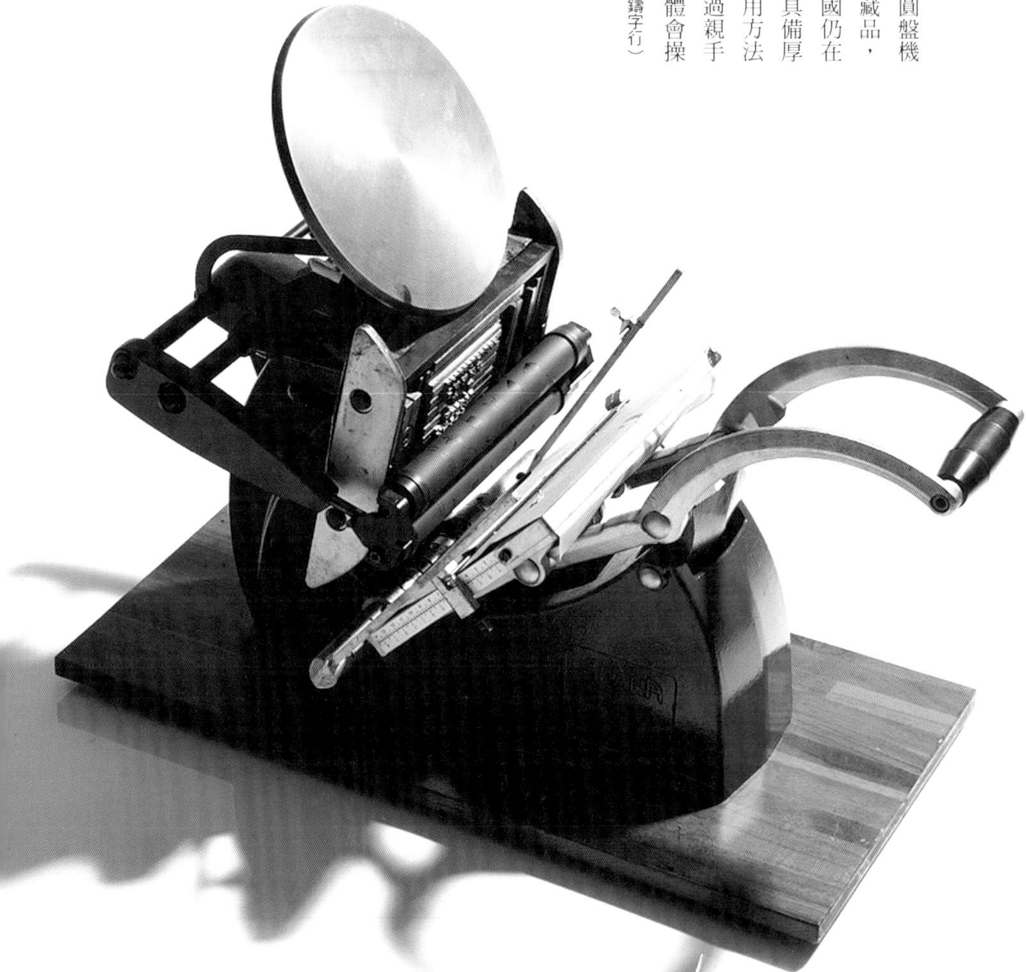

三十二開圓盤機

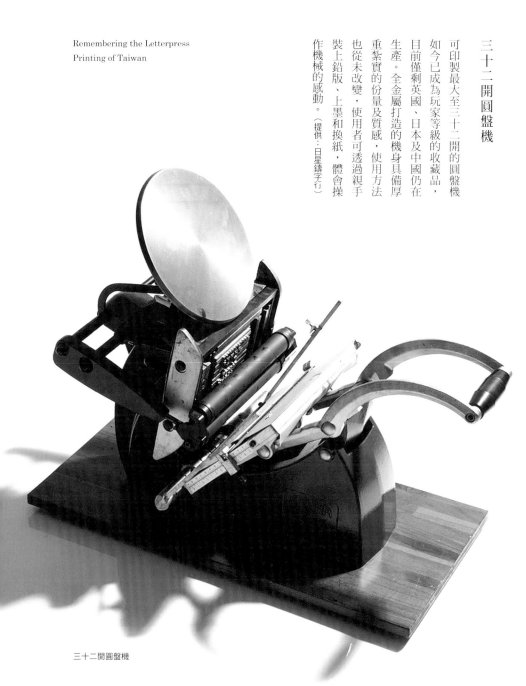

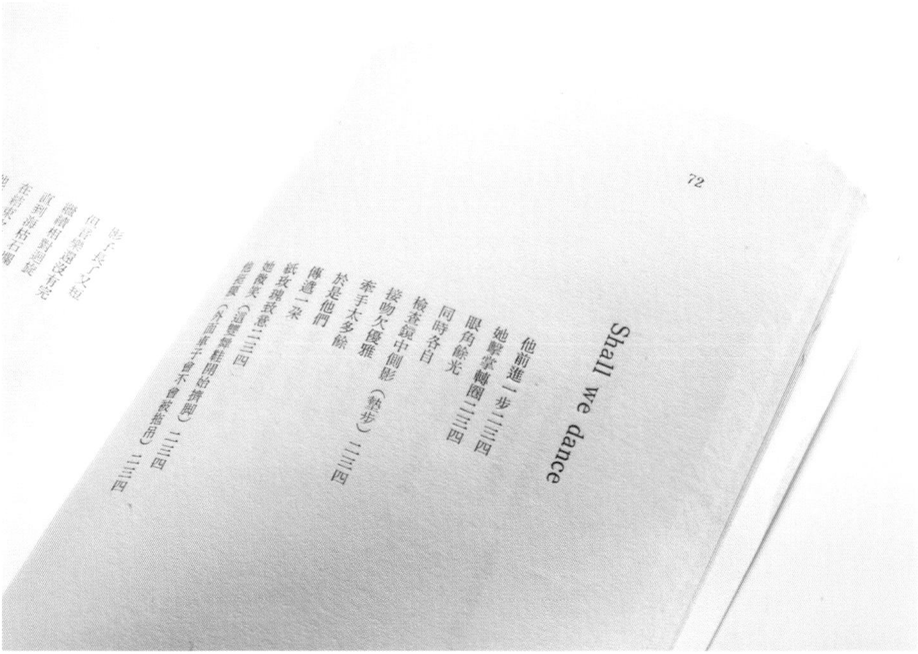
72
Shall we dance
他前進一步二三四
她擊掌轉圈二三四
眼角餘光
同時各自
檢查鏡中側影
接吻欠優雅（缺步）二三四
牽手太多餘
於是他們
傳遞一朵
祇玫瑰致意二三四
她微笑（這雙鞋開始擠腳）二三四
他抿嘴（外面車子會不會被拖吊）二三四

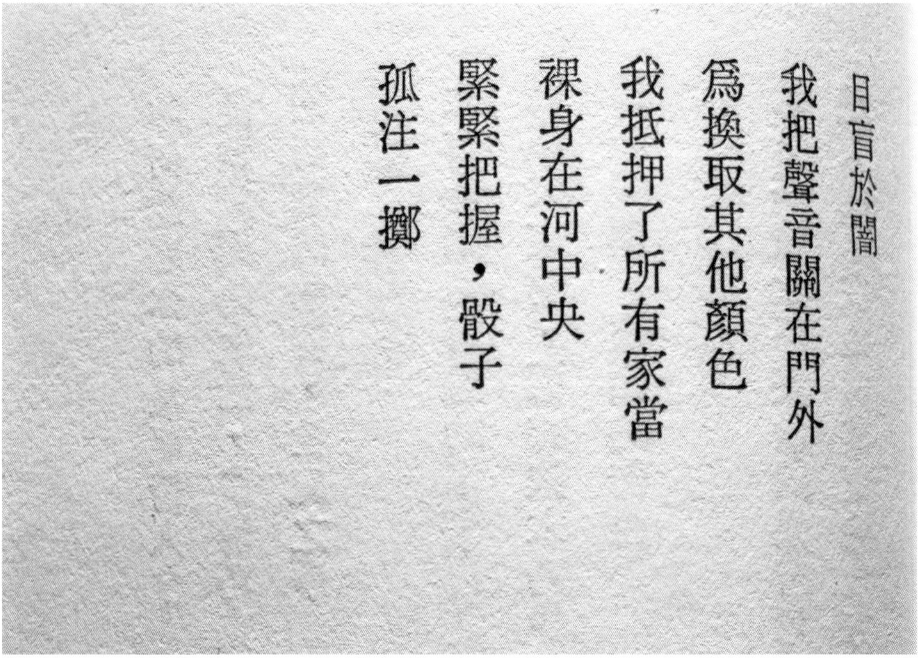
目盲於闇
我把聲音關在門外
爲換取其他顏色
我抵押了所有家當
裸身在河中央
緊緊把握，骰子
孤注一擲

日光夜景

作者因為一個簡單的想法：活字印刷比電腦平版印刷好看，毅然決定將整本詩集的內頁委託活字印刷老師傅製作，出版後帶動一股重溫活字印刷的懷舊風潮。該書於二〇一一年再版時更名為《日重光行》。

作者：嚴韻　設計：黃暐鵬
出版：行人文化實驗室，二〇一〇
排版：林金仁、黃保安
印刷：日裕印刷

歧路花園

詩人林維甫找上日星鑄字行一起打造臺灣書市已許久不復得見的鑄鉛活字版，並利用傳統活字印刷技術刊印這本詩集的內頁。內文與標題是日星鑄字行的宋體字，紙張則是日本進口的特殊紙。書籍出版後，甚至有遠道而來的日本設計師深深為這本書洋溢的古典浪漫風格所著迷。

作者：林維甫　設計：王金喵
出版：逗點文創結社，二〇一〇
排版：林金仁　印刷：日裕印刷

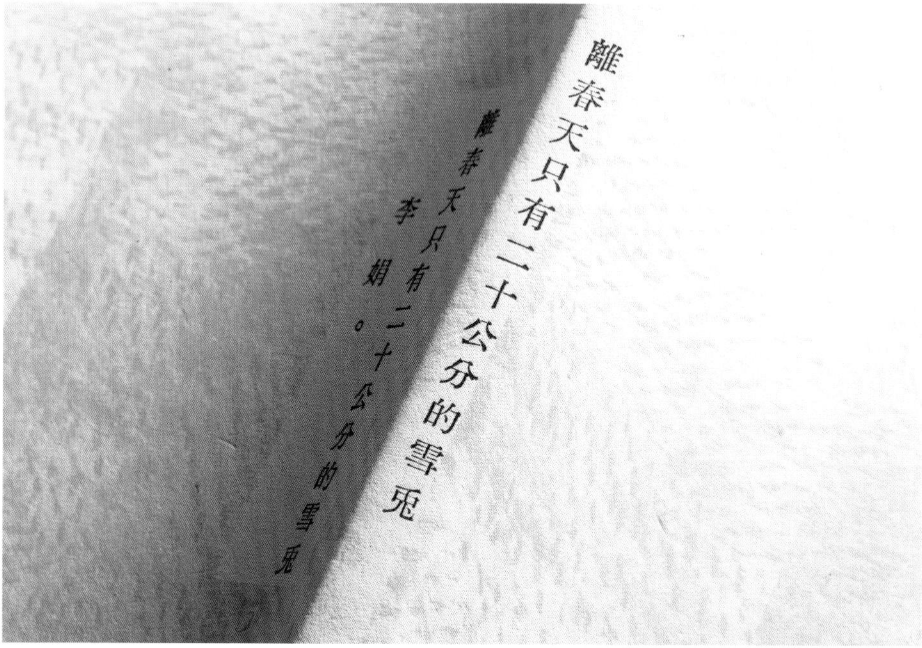

離春天只有二十公分的雪兔

「溫暖與手感」、「細小與遼闊」是美術設計師提出的封面關鍵字，且為了呈現溫暖的手工感，而採用傳統活字印刷流程：檢字、手工放紙上機、校對後重新檢字等來製作封面，盡可能貼近作者李娟每天裁衣縫製生活的感受。

作者：李娟　設計：霧室
出版：本事文化，二〇一一

台新藝術獎第八屆專刊

封面設計以簡單的設計感為主，希望維持純粹的風格，故使用黑白色調、活字排版印刷，並採用日星鑄字行與樹火紀念紙文化基金會生產之環保吸水紙，共同分享昔字、惜字、習字概念。

作者：台新銀行文化藝術基金會
設計：品墨良行
出版：台新銀行文化藝術基金會，二〇一〇

「猛禽」專指隼形目鳥類，牠位居食物鏈的
頂端，是生態環境是否良好的指標，全球隼
形目共計五科三〇七種，台灣就有三科三十

鵰
大鵰展翅《大冠鷲》
創作年份｜2003年
尺寸｜74×35cm
大冠鷲體長約七十公分，屬中大型猛禽，台灣最常見的
猛禽，大冠是指他頭上有冠的造型。主要以蛇、蜥蜴、
青蛙、鼠類爲食，在墾丁地區有時連螃蟹都吃，因爲食
性能夠隨著台灣環境而改變，故不用遷移，

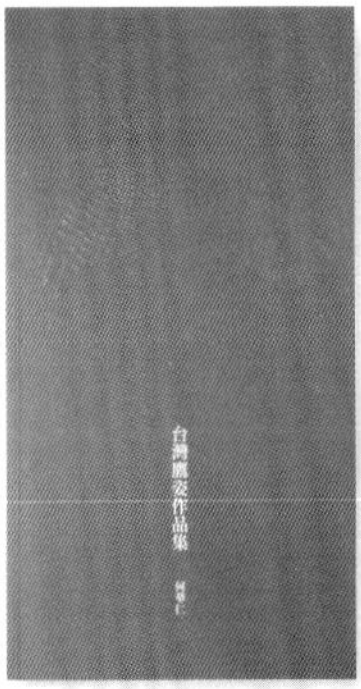

臺灣鷹姿作品集

從事鳥類觀察及保育工作的藝術家何華仁，以木刻版畫記錄臺灣稀有猛禽的千姿百態，創作心情與保存傳統活版印刷文化的用心相同，因此在內頁中將「臺灣鷹姿版畫展」中的版畫原作以傳統照相打字做成鋅版，使用圓盤機控墨壓印；文字則採活版鉛字印刷，結合兩種印刷方式裝訂成書。

作者：何華仁　設計：劉宜芬
提供：財團法人陸府生活美學教育基金會
年份：二〇一二
活字印刷：春輝印刷
凸版印刷：格至印刷王春安

復刻文字的溫度：昔字・惜字・習字

結合活版鉛字印刷與平版印刷，記載了傳統中文活版印刷發展的歷史及近年來的再生應用過程，也分享日星鑄字行近半個世紀的回憶；附有活版印製的「日星鑄字行初號楷體縮樣稿」字體，約於民國一〇至二〇年代間製造，據考其字體為清朝進士書寫，再由專業工匠篆刻後翻製成銅模，為臺灣特有的繁體中文楷體字。

作者：臺灣活版印刷文化保存協會
設計：張慧如、劉宜芬
出版：行人文化實驗室，二〇一一
排版：林金仁　印刷：春輝印刷

自由月曆

老師傅把鉛字一個個放在需要的位置，留白部分用鉛塊補上，最後完成的鉛版和現在這本月曆，重量差距大概有千倍。月曆的表格加上鉛字的花樣，像是堆疊積木，將基本又好看的圖樣重新拼貼，多了一種屬於二十一世紀的樣子，也傳遞出舊時純樸的美感經驗。沒有年份限制、也沒有月份限制，自由自在，寫下自己的光陰。

品牌：蘑菇MOGU　設計：蘑菇MOGU
年份：二〇一〇　尺寸：18 X 12 CM
媒材：蠟紙、環保紙、膠裝

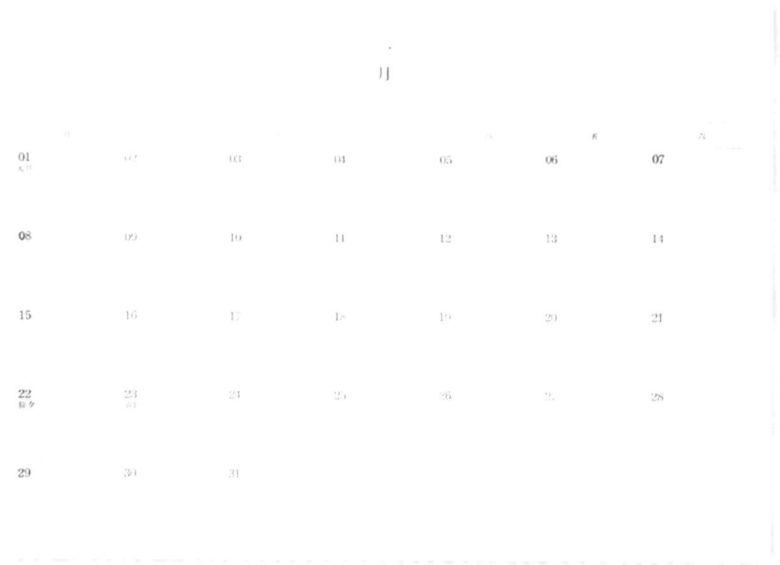

品墨良行月曆

希望能將「月曆」回歸到過去最單純、簡單的功能和概念；比如用歐姆釘做掛勾，希望掛在牆上時能完全感覺不出它的存在。選擇活字，也正是因為活字印刷本身的質感以及年代感，都能讓人聯想起「簡單」、「純粹」的感受。

品牌：品墨良行　設計：品墨良行
年份：二〇一一　尺寸：25.7 X 35.5 CM
媒材：紙、活字印刷

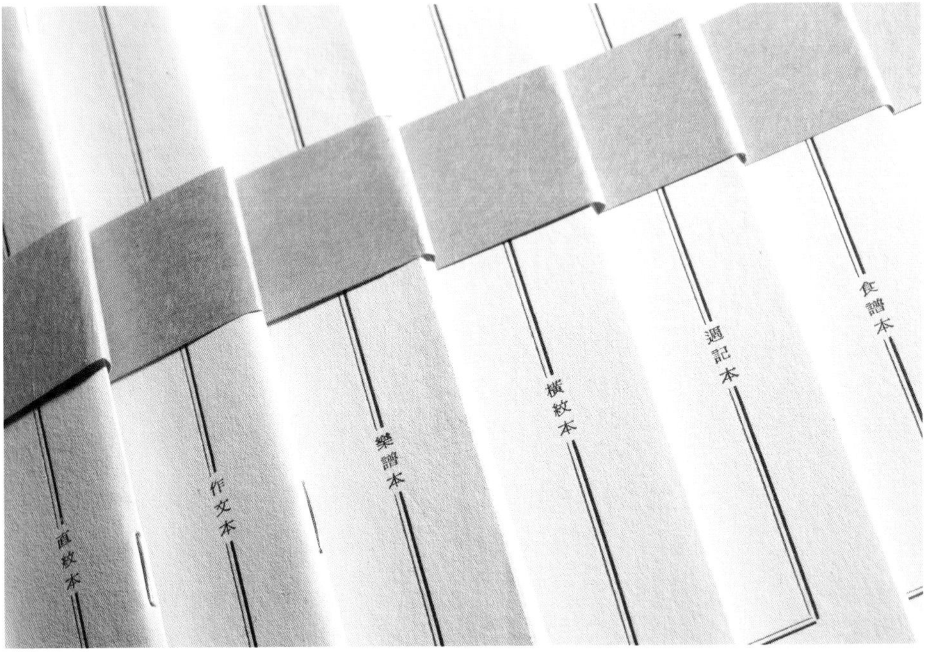

輕紙本系列

一組十本的筆記本，不同功能，都是提供日常使用，設計上也都以「簡單」為重點，更凸顯其功能性。封面的框線及文字採用活字排版印刷；內頁部分由於製作考量，則是使用一般印刷。

品牌：品墨良行　設計：品墨良行
年份：二〇一二　尺寸：16 X 22 CM
媒材：紙、活字印刷

活版印刷藏書票

藏書票起源於德國，EX-LIBRIS意為拉丁文「我的藏書」，具有標示書籍所有者的功能。岩筆模專屬限量發行的藏書票共有兩款，採手工凸版、鉛字排版印刷於手抄紙，呈現傳統手法的現代面貌。

品牌：岩筆模 MB more　設計：蘇鈺婷
年份：二〇一〇、二〇一二
尺寸：11 X 15.5 CM
媒材：手抄紙、活字印刷

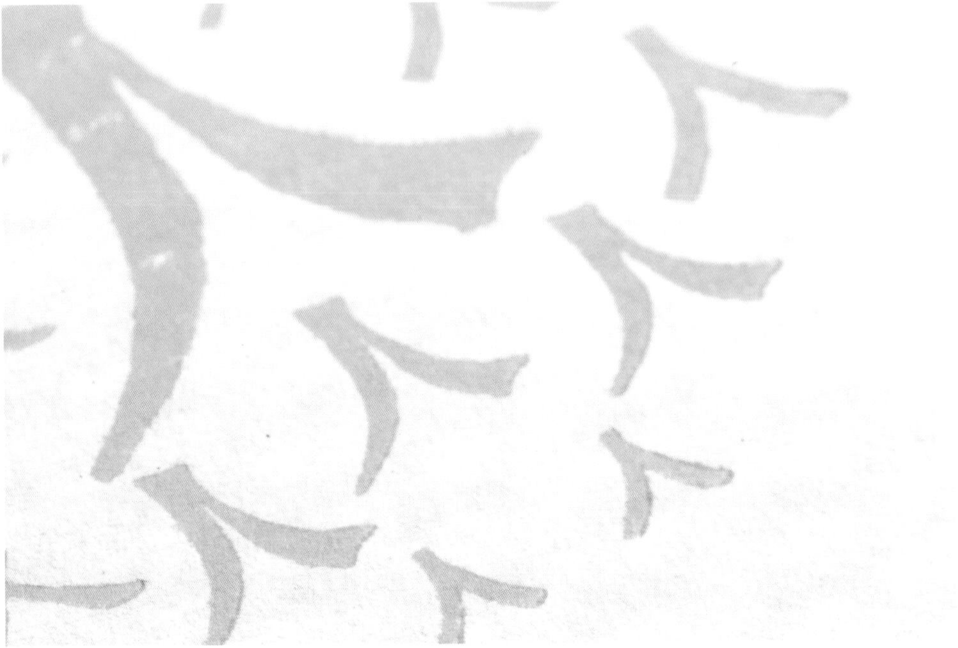

中秋明信片

以「月圓、家圓、人團圓」為主要創作概念，因此用大大小小的「人」字代表行行色色的人們，排成圓形意為「人團圓」，黃色油墨則代表「月亮」。有鑑於日星鑄字行絕大多數的客源為觀光客，又包含不少外國旅客，希望他們參觀及選購鉛字的同時，能直接寄一張由鉛字印製的明信片給親朋好友。三種用紙呈現出油墨不同的感覺，也希望提供多元選擇。

品牌：荒痟書車　設計：橘籽、阿寡
年份：二〇一二　尺寸：15 X 10 CM
媒材：日本杯墊紙、樹火吸水紙、雙色儷格卡、活字印刷

七夕詩籤

選用厚度較高的紙漿版，凸顯出鉛字的力道與質感。圖的部分由橘籽繪製，再製成鋅版，同樣使用手工凸版印刷。詩的部分原先計畫選用當代詩人作品，藉此賦予舊的文化（鉛字）新的意義（新詩），後因時間過於匆促而不得以作罷。

品牌：荒脊書車　設計：橘籽、阿寡
年份：二〇一二　尺寸：9X9&15X3CM
媒材：樹火紙漿版、活字印刷

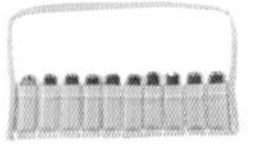

一

行事曆筆記本

此款行事曆加筆記本的封面為手工絹印，保有獨特手作質感，內頁採用線膠精裝，耐用不脫頁，厚磅模造紙光滑好書寫，另附早期活版印刷術不可缺少的重要工具：數字鉛字0至9。

品牌：岩筆模 MB more
設計：岩筆工作室　年份：二〇一二
尺寸：15 X 13.5 CM
媒材：布、絹印、模造紙、緞面書帶、牛皮紙、鉛字、麻繩

毛三世

中國在毛澤東於一九五六年大規模推行簡體字之後，至今全世界僅剩臺灣、香港、澳門仍使用傳統繁體中文字。本作品由臺灣最後一家完整保留傳統正體中文鉛字的日星鑄字行提供鉛字，結合三民主義內文，一字字排列出毛澤東肖像，透過其所提倡的簡體字文化，對比日星鑄字行所欲復刻的正體中文，不只呈現兩岸近百年來的印刷產業精神，更是傳遞臺灣文化給下一代的前瞻視野。

品牌：日星鑄字行　設計：劉宜芬
年份：二〇一三　尺寸：25 X 30 CM
媒材：鉛字、木頭

附錄 1

寫在這本書以前

詮釋與文獻

● 以下引文標題皆由編者依主題另行標示。
● 為求全書統一，「台灣」二字皆改為「臺灣」；「知識份子」皆改為「知識分子」。
● 所有註解皆為編註。

媒介決定了人們怎麼認識世界，同時也改變我們的生活方式。十五世紀以來，活字印刷在古騰堡手上發揚光大，不僅創造了作者、讀者，更在製版與閱讀的過程中，塑造了關於「我們」的認知與想像。臺灣雖然在清領時期便有刻書坊，卻到日本統治時期才開始出現印刷資本主義的現代報刊；配合當時興起的各式讀書裝置（書店、報紙販賣店、圖書館），促使了臺灣知識分子在接受、創造、傳遞知識的過程中，不斷地以書寫與閱讀，確立彼此位於相同的時間與空間，並且是面對相同的殖民統治情境，進而嘗試創造出想像臺灣的邊界。我們從各類文獻中，選擇一些針對活字印刷的理解與詮釋，或許可謂為是在本書以前的一些故事。

藍士博／國立政治大學臺灣史研究所博士生

中國之書與字

十一世紀時，知曉冶鐵與煉金的北宋人畢昇，相傳是首先嘗試活字印刷的人。他用膠泥刻字，並以火烤硬化；排版用的鐵板，則塗上紙灰、蜂蠟、松脂的混合物，活字置於其上，排定後以鐵框固定。接下來，將混合物慢慢加熱，冷卻後活字便牢固地附著於版面。該頁印畢後如欲取下活字，只消把鐵板重新加熱即可。也有人另闢蹊徑，試圖以硬質的檜木或澆鑄的鉛銅製作活字，但這些工法在中國始終罕見。倒是十八世紀的《古今圖書集成》，以銅質活字印成；然而，這套由皇帝敕令編纂、厚達萬卷的百科全書，並未採用鑄造字粒，而是直接鑿字於銅。印刷《康熙字典》的活字，係依兩百一十四個部首貯放，這才使得數以萬計的字粒，在檢取與歸位之時，有了比較切合實用的分類系統；唯這樣一套活字造價過高，印字所需的人手又極多，不假朝廷之力不能為之。不過，這些龐大的出版品主要供官差朝臣參考之用，相形之下成本高低也就無所謂了。若是民間籌印，則匯集鉅資、聘雇足額人力、依實用順序貯放大量活字等，想必都有窒礙難行之處。此外，中國墨汁較不黏稠，幾乎無法附著於金屬表面，亦不利於金屬活字的發展。最後，基於美學與感性因素，舊時的中國讀者鍾情於運筆的藝術，偏好與文旨相映成趣的書體筆法，活字印書自然不得垂青，還不如木刻書、雕版書，更能忠實反映書法風格。直到二十世紀，中國才重拾活字技術，但起初只用來印刷報紙與大宗書籍。

——費夫賀、馬爾坦著，李鴻志譯，《印刷書的誕生》，頁九十八，貓頭鷹出版社，二〇〇五年初版。

作者與讀者的形成

印刷術是促成個人主義和自我表達的工具，也為個人主義和自我表達提供時機，這點在今天看來不是那麼明顯。印刷術催生了所有權、穩私權，以及各式各樣的「封閉」型態，這一點可能還比較清楚。不過，最明顯的一點是，印刷出版是獲致聲名和永久記憶的直接工具。因為直到電影出現，世界上還沒有任何東西能在傳播私人訊息方面挑戰印刷書籍的地位。抄寫文化從未曾塑造出偉大的概念，印刷術卻做到了。文藝復興時期的自大狂，從艾瑞提諾到譚伯連[1]，絕大多數都是印刷術的子嗣。因為印刷術提供作者擴展個人時空維度的物質條件。但誠如勾史密斯[2]所言，對抄寫文化的研究者而言，「有一點很清楚：一五〇〇年前後，當時的人對於知道自己所讀所引的書籍作者到底是誰，並不像我們現在那麼重視。我們發現，當時甚少有人談論類似的議題。」

怪的是，反倒是現在這種消費者導向的文化，特別重視作者和各種證明真偽的標記。抄寫文化是產品導向的，幾乎可以說是「自己動手做」的文化，因此自然看重其間的關聯和是否可用，而非追究其來源。

1 艾瑞提諾，Pietro Aretino（一四九二—一五五六）；譚伯連，Tamburlaine。

2 勾史密斯，Ernst Philip Goldschmidt（一八八七—一九五四）。

麥克魯漢著，賴盈滿譯，《古騰堡星系：活版印刷人的造成》，頁一九一至一九二，貓頭鷹出版社，二〇〇八年初版。

閱讀中對於「我們」的想像是民族意識的基礎

這些印刷語言以三種不同的方式奠下了民族意識的基礎。首先，而且是最重要的，它們在拉丁文之下、口語方言之上創造了統一的交流與傳播的場域。那些口操種類繁多的各式法語、英語或者西班牙語，原本可能難以或根本無法彼此交談的人們，經由印刷字體和紙張的中介，變得能夠相互理解了。在這過程中，他們逐漸知覺到那些在他們的特殊語言場域裡面的數以十萬計，甚至百萬計的人的存在，而與此同時，他們也逐漸知覺到只有那些數以十萬計或百萬計的人們屬於這個特殊的語言場域。這些被印刷品所連結的「讀者同胞們」，在其世俗的、特殊的、「可見之不可見」當中，形成了民族的想像共同體的胚胎。

第二，印刷資本主義賦予了語言一種新的固定性格（fixity），這種固定性在經過長時間之後為語言塑造出對「主觀的民族理念」而言，極為關鍵的古老形象。誠如費柏赫和馬坦[1]所提醒我們的，印刷的書籍保有一種永恆的形態，幾乎可以不拘時空地被無限複製。它不再受制於經院想像的共同體手抄本那種個人化和「不自覺地把（典籍）現代化」的習慣了。因此，縱使十二世紀的法文和十五世紀維雍（Villon）所寫的法文相去甚遠，進入十六世紀之後法文變化的速度就決定性地減緩了。「到了十七世紀之時，歐洲的語言大致上已經具備其現代的形式了。」換句話說，經過了三個世紀之後現在這些印刷語言之上已經積了一層發暗的色澤。因此，今天我們還讀得懂十七世紀先人的話語，然而維雍卻無法理解他十二世紀的祖先的遺澤。

第三，印刷資本主義創造了和舊的行政方言不同種類的權力語言。不可避免的，某些方言和印刷語言「比較接近」，而且決定了它們最終的型態。那些還能被吸收到正在出現中的印刷語言的，比較不幸的表親們，終究因不能成功地（或是只能局部地）堅持屬於它們自己的印刷語言形式而失勢。波西米亞的口語捷克話不能被印刷德語所吸收，所以還能保持其獨立地位，但所謂「西北德語」（Northwestern German）卻因為可以被吸收到印刷的德語之中，終於淪為低地德語（Platt Deutsch），一種大致上只使用於口頭的，不夠標準化的德語。高地德語（HighGerman）、國王的英語（the King's English）、以及後來的中部泰語（CentralThai）都被提升到彼此相當的一種新的政治文化的崇高地位。（這說明了為什麼二十世紀末歐洲的一些「次」民族集團要藉由打入出版界——和廣播界——來從事企圖改變其附庸地位的鬥爭。）

我們只需再強調一點：從起源觀之，各個印刷語言的固定化以及它們之間地位的分化大多是不自覺的過程，起因於資本主義、科技和人類語言的多樣性這三者之間爆炸性的互動。然而，就像許多其他在民族主義歷史當中出現的事物一樣，一旦「出現在那裡了」，它們就可能成為正式的模式被加以模仿，並且，在方便之時，被以一種馬基維利式的精神加以利用。

---

1 費柏赫，Lucien Febvre（一八七八—一九五六）；馬坦，Henri-Jean Martin（一九二四—二〇〇七）。

班納迪克．安德森著，吳叡人譯，《想像的共同體：民族主義的起源與散布》，頁八十七至八十八，時報文化，一九九九年初版。

活版印刷作為媒介的威力

臺灣的印刷史亦如中國，在清領時期，文人書物多仰賴中國內陸進口，如臺灣早期文人施瓊芳（一八一五—一八八七）的記述：「臺地工料頗昂，所有風世諸書，多從內郡刷來」。雖說書本多來自中國大陸，清代臺灣並非沒有本地的印刷業，早在道光年間，臺南就已出現盧崇玉開辦的印刷業「松雲軒刻印坊」，使用的技術則是以雕版印刷為主，印製各款善書經文，供應民間信仰所需，另外也有些「代客雕版」的案子，接受當時官府、文人委託代印詩文別集或兒童教本。以當時的社會需求、以及雕版印刷的產能，松雲軒的業務量當然不可能太大，在日治期間幾經波折、讓渡，苦撐到日治末期的戰爭期間因為書版幾乎全毀，雕版印刷年代也告終。

……活版印刷的威力，不在於其傳遞什麼訊息，而在於作為媒介的可能性，也就是速度與數量。在速度方面，一塊雕版印刷是由雕工師以「刻字」的方式進行，在不講求時效的舊社會勉強足夠，但若版面較多（例如報紙），就明顯遇上雕工不足的窘況。在數量方面，根據日本社會史學家前田愛《近代讀者の成立》的考究，日本本國在明治十五年至二十年間（一八八二—一八八七）發生由雕版到活版的印刷革命，就是因為書物印刷量已增加到每印三千冊的「木版印刷之極限」，而且雕版印刷受限於雕工師父的高成本，而造成活版印刷時代之來臨。

——蘇碩斌，〈日治時期及臺灣文學的讀者想像：印刷資本主義作為空間想像機制的理論初探〉，《跨領域的臺灣文學研究學術研討會論文集》，頁九十七至九十九，二〇〇六。

臺灣閱讀文化的形成

日治時期的臺灣讀書市場，經歷印刷基礎設施與出版行銷體系建立的過程。現代化活版印刷技術在日治中期才逐漸發展成熟，可以充足供應本地的書籍、期刊與報紙的印刷發行所需。在此之前，除少數雕版印刷方式在臺印行的漢文圖書之外，多數圖書仍須仰賴進口。漢文圖書以自中國引進為大宗，透過漢文書店提供的中國圖書代購、經銷業務購買取得。一九二〇年代是漢文書局發展的重要時期，文化書局、中央書局等新式書局也在這時期成立，引進與文明新知、現代思潮有關的漢文圖書，而蘭記書局是此時的代表性書局。

日人經營的書店在殖民地統治之初就隨著殖民政府的腳步，將其印刷出版事業經營版圖拓展至臺灣。一八九八年「新高堂」在臺北成立，初期經營文房具、圖書出版品銷售業務，隨著現代教育制度的實施、各級學校紛紛成立，加入教科書市場，成為臺灣主要的圖書經銷商，之後更開始發行參考書、辭典等書籍，及在臺日人作家的臺灣觀察、文學創作作品。包括杉田書堂、文明堂書店、福澤書店、棚邊書店等日人書局也在一九一〇年代就在臺灣成立，主要經銷日本進口的一般書籍雜誌、教育用書籍，及總督府出版品、總督府教科書特許販賣等。一九三〇年代，帝國圖書普及會在臺灣舉辦特價書販售活動的好成績，促使東都書籍株式會社、丸善書局大阪支店等在臺灣成立分支機構。

一九三〇年代之後，殖民地臺灣由於使用日本語人口增加，中國內部時局不定及中國與日本交戰的影響，自中國輸入的書籍出版物開始逐年減少。但另一方面，自日本輸入的書籍雜誌貨物價值則自一九二〇年代開始逐年成長直到進入戰爭時期。臺灣讀書市場對於日文圖書的依賴漸深，說明了在中國出版物輸入減少的市場環境因素外，更重要的是殖民地教育、語言政策對於讀書市場發展的影響，使得臺灣讀書市場對於來自中國、日本等地的圖書項目產生需求性的根本差異。

——王雅珊，〈日治時期臺灣閱讀文化的產生與讀書的意義〉，《文化研究月報》第一二五期，頁六至七，二〇一二。

閱讀中想像的「同時性」與「現實性」構成臺灣第一批知識分子

日本統治時期以降，臺灣印刷媒體的接受來源開始出現有別於東亞各國的特殊現象，永嶺重敏在《読書國民の誕生》一書中曾經將臺灣定位為「讀書過疎地域」，意指在一九〇〇年代（明治四十年）左右當日本已然形成了一個均質的中央活字媒體全國流通網之際，那些仍然缺乏書店、報紙販賣店、圖書館等讀書裝置等的地區。儘管如此，與日本內地相比之下缺乏讀書裝置的臺灣，卻在日本、上海與臺灣本地不同出版業、書局的影響下，成為一處有別於東亞各地的、特殊的「文化交疊區域」。

……在活字印刷媒體的傳播過程當中，閱讀、書寫與出版往往彼此交織，進而被

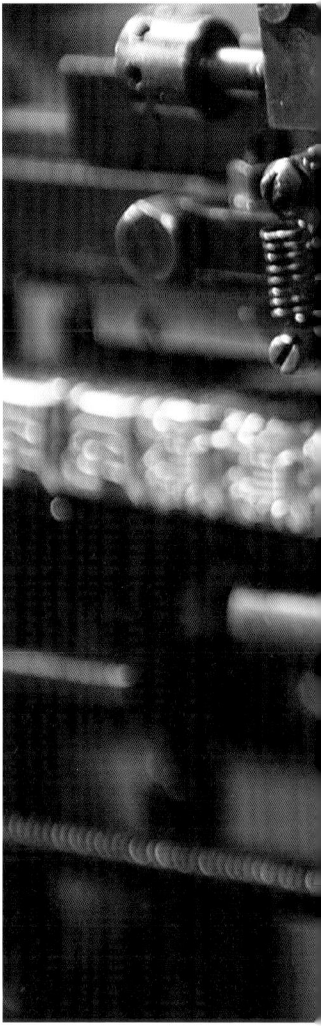

放在同一條脈絡中進行討論。透過陳逢源（一八九三—一九八二）的生命經驗，可以發現臺灣人讀者當時已經逐漸培養持續探究特定知識領域的閱讀習慣；除此之外，這個由不同語言、印刷技術、刊物類型構築而成的文化交疊區域，一定程度也創造了臺灣讀者的同時性與現實性特徵，進而反映在陳逢源與時人的書寫與出版實踐。

……倘若印刷媒體具備傳遞知識、資訊，甚至進一步創造作者與讀者「集體意識」的功能，那麼陳逢源及其同時代人物便在接受、創造、傳遞知識的過程當中，逐漸與讀者（即想像中的其他臺灣大眾）處於相同的時間、空間，更重要的，是他們彼此相信同樣處於面對、抵抗殖民統治的情境。因此，當臺灣新一代文化菁英開始掌握印刷媒體之際，他們也開始扭轉自身原本處於接受者的被動地位，逐漸成為、轉型成臺灣歷史中第一批具備「同時性」與「現實性」特徵，具備現代意涵、非官方的、真正世俗的知識分子。

——藍士博，〈臺灣知識分子的形成與轉折：以陳逢源（一八九三—一九八二）為例〉，《臺灣史學雜誌》第十五期，頁四至七，二〇一三。

書寫與閱讀的臺灣意識邊界

「印刷資本主義對想像共同體具有無比的重要性」，安德森這個著名卻含糊的命題，是社會理論的洞見，卻也是實證檢證的難題。以此研究臺灣的民族主義，是否必須討論印刷革命、印刷商業等資本主義的生產技術面？渥根（Peter Wogan）就指出，安德森提起「印刷資本主義」之名，卻沒有清楚界定，確使不少人誤以為他在強調資本主義的生產形式（Wogan, 2001）。但是若由媒介理論的角度來看，討論印刷資本主義，未必要以資本主義生產模式的社會為前提；安德森的印刷資本主義，重點是指出以活字印刷模塑的作者與讀者之社會關係。

本文藉由將日治臺灣文學的發展以媒介理論重新解讀，在理論上，指出了文學作者經由「訴求」讀者而共構了一個「空間」的集體想像；在歷史上，論證了日治中期發展成形的活字印刷文學如何促成新讀者的誕生（非文人貴族的一般讀者）。文學寫作的作者，不僅意識到這些未曾謀面的、個別閱讀的讀者之存在，也轉換了所要訴求的讀者，改以想像的、潛在的讀者來反思他的書寫，開啟文學書寫的質變，更形成一個「共同的想像空間」。這個空間正是以「整體臺灣」為單位的類國族意識。

在這個活字印刷的媒合之下，全新的「想像的臺灣空間」於是在一九二〇年代初期醞釀出可能性的條件。自一九二〇年代中期開始十年間的日治臺灣，不論是舊文學、新文學、臺灣語文派、中國語文派、第三階級派，都在活字印刷的技術基礎之上，經驗了表達形式和表達對象的革命。透過文學論戰的資料論證，一九一五至一九三〇年間臺灣的印刷技術轉型為活版印刷，不僅促成臺灣文學論戰頻生，促成臺灣意識浮現，也促成一個臺灣版的想像共同體。

……臺灣意識形成、新舊文學論戰、活字印刷技術，在臺灣發展於幾乎相同的年代，並不是歷史的偶然。以媒介環境理論結合民族主義建構論，就是企圖指出活字印刷技術的媒介變革，改變了人與人的社會關係，並形成了全新的社會架構。在臺灣的案例上，本文也已論證印刷術為新文學作者帶來新的訴求對象，新的表達形式，並帶來新的臺灣邊界。換個方式來說，臺灣意識這樣一個有邊界的空間想像，起因於一些作者在「活字印刷的社會條件下」發覺他有遍布全臺的新讀者，並以這些讀者為訴求書寫出新的文學，再被素昧平生的讀者觀看而共同想像為彼此的同胞。臺灣意識，確確實實就在作者的書寫之間形成，至於是否臺灣每一個人都參與這個想像，也就不是太重要的問題了。

——蘇碩斌，〈活字印刷與臺灣意識：日治時期臺灣民族主義想像的社會機制〉，《新聞學研究》第一〇九期，頁三十二至三十三，二〇一一。

附錄 2

這裡只是起點

其他參考資料

關於歷史

論文，**1930~1990年代的臺灣活版印刷發展之研究**，吳祖銘，一九九九。

書籍，**文字的眾母親**，港千尋，臺灣商務，二〇〇九。

書籍，**印刷書的誕生** *L'Apparition du livre*，費夫賀、馬爾坦 Lucien Febvre & Henri-Jean Martin，貓頭鷹出版社，二〇〇五。

書籍，**古騰堡星系：活版印刷人的造成** *The Gutenberg Galaxy: the making of typographic man*，麥克魯漢 Marshall McLuhan，貓頭鷹出版社，二〇〇八。

書籍，**想像的共同體：民族主義的起源與散布** *Imagined Communities: Reflections on the Origin and Spread of Nationalism*，班納迪克・安德森 Benedict Anderson，時報出版，二〇一〇。

關於技術

論文，**臺灣鑄字機與鑄字技術沿革初探**，吳祖銘，一九九八。

論文，**以國立科學工藝博物館活版印刷蒐藏品探究中文活版製版技術**，江淑芳，二〇〇二。

論文，**凸版印刷之鉛字製作研究**，徐成坤，二〇〇一。

關於字體

書籍，**字母的誕生**，王明嘉，積木文化，二〇一〇。

論文，**十五世紀德國活字印刷與「哥德活字」初期造形研究**，曾培育，二〇〇五。

網頁，**活字字體的基礎講座**，今田欣一，Eric Liu、Metaphox，http://www.typeisbeautiful.com/kinkido-0/zh-hant/。

關於臺灣活字印刷文化

紀錄片，**鑄字人**，王明霞，財團法人公共電視文化事業基金會，二〇一二。

論文，**活字印刷與臺灣意識：日治時期臺灣民族主義想像的社會機制**，蘇碩斌，二〇一一。

論文，**看到了台灣意識：日治時期的活字印刷術與想像共同體**，蘇碩斌，二〇〇七。

論文，**日治時期臺灣文學的讀者想像：印刷資本主義作為空間想像機制的理論初探**，蘇碩斌，二〇〇五。

論文，**臺灣知識分子的形成與轉折：以陳逢源（一八九三－一九八二）為例**，藍士博，二〇一三。

論文，**日治時期台灣閱讀文化的產生與讀書的意義**，王雅珊，二〇一二。

附錄 3

在臺灣，感受活字印刷

相關店家及單位

◉本附錄中店家大多並非以活字印刷為主要業務，拜訪前請先電話聯繫。

◉需自備鉛字者，可先聯絡日星鑄字行選購鉛字，再前往印刷。

◉各機器最大可印刷尺寸：活版印刷機對開、大圓盤機十六開、小圓盤機三十二開（皆指四六版）。

製作

日星鑄字行

- 買鉛字、檢字
- 鑄字機、字架
- 臺北市大同區太原路九十七巷十三號
- （02）25564626
- 週一到週五 09:00-12:30、14:00-17:30
  週六 09:00-12:30

◎如需導覽，請先電話聯繫

春輝印刷

- 排版、印刷（需自備鉛字）
- 活版印刷機
- 臺北市大同區太原路一七五巷二十二號
- （02）25589373

日裕印刷

- 排版、打樣（需自備鉛字）
- 打樣機
- 臺北市萬華區永福街五十一巷十三號一樓
- （02）23110117

◎純文字排版每版二〇〇至三〇〇元不等。

德豐印刷行

- 印刷
- 大圓盤機
- 臺北市萬華區環河南路二段一二五巷十五弄十號
- （02）23081204

承泰印刷

- 印刷
- 活版印刷機
- 臺北市萬華區興寧街八十一號
- （02）23025846

建成印社

- 排版、印刷（需自備鉛字）
- 名片機、大圓盤機
- 臺北市中正區延平南路三十六號二樓
- （02）23312962

一利印刷有限公司

- 印刷
- 活版印刷機
- 新北市板橋區中山路二段三一八巷二十弄三號
- （02）29612759

正格印刷

- 排版、印刷（需自備鉛字）
- 活版印刷機
- 新北市板橋區永豐街八十九巷五弄十四號
- （02）29531361

格志企業社

- 印刷
- 大圓盤機
- 新北市三重區安慶街一六一號
- （02）29894800

鴻偉印刷廠

- 排版、印刷（需自備鉛字）
- 活版印刷機
- 桃園縣龜山鄉明德路四四〇號
- （03）3205995

新生印刷所

- 排版、印刷（需自備鉛字）
- 活版印刷機
- 新竹市東大路二段四四六巷一七二號一樓
- （03）5333102

梅志印刷廠

排版、印刷（需自備鉛字）
活版印刷機
苗栗縣竹南鎮光復路二八六巷十四號
（037）479585

明和印刷廠

印刷（需自備鉛字、排版）
活版印刷機
臺南市北區武聖路三十六巷四十四號
（06）2585610

新成印刷社

印刷（需自備鉛字、排版）
小圓盤機
臺南市中西區開山路一七六號
（06）2148752

竹文堂印刷廠

檢字、排版、印刷
活版印刷機
臺南市新化區中山路四八七號
（06）5906660

江俊印刷所

排版、印刷（需自備鉛字）
活版印刷機
屏東縣屏東市建豐路一〇五巷二十號
（08）7375207

參觀、體驗

頂街工坊

澎湖最老牌的印刷廠——西河印刷廠舊址改建而成。除了販售鉛字文創商品，同時展示西河印刷廠曾經使用過的器具，如舊鉛字、打孔機、軋虛線機，以及印刷機零件、配電盤等。

澎湖縣馬公市中央街三十七號
（06）9272045
10:00-21:00

馬祖故事館

原址為馬祖日報社。目前馬祖日報已遷走，不過此處仍保存鉛字、印刷機，展示傳統鉛印廠房設備、器材，及報紙印刷過程，並有檢字體驗活動。

連江縣南竿鄉仁愛村十九號
（0836）23331、（0836）22276
週六到週四9:00-17:30　週五休館

CYCD活版工坊

由中原大學商業設計系成立，除了設計、販售活版印刷製品，也不定期舉辦活版印刷體驗活動。

https://www.facebook.com/pages/CYCD-活版工坊/235827836572811

糖福印刷廠

糖福印刷廠由台糖職工福利委員會設立，廠內保存完整的鉛字印刷設備，包括銅模、鑄字機、圓盤機、印刷機、鉛字等，是臺灣目前活字印刷系統保留最完整的活版印刷廠；不過目前設備產權屬於台糖，尚未開放參觀。

印刷
活版印刷機
臺南市新營區中興路四十號
（06）6323148

其他

榮記印刷廠

廠內保存完整的活字印刷設備，包括字架、工作桌、圓盤機、活版印刷機，以及裁切、裝訂設備等。不過目前已無使用，也未開放參觀。

花蓮縣花蓮市明義街七十一號
（03）8322496

銅匠
獸販

服藥平南
信利合德

活字——記憶鉛與火的時代

總編輯：周易正
企畫：行人文化實驗室
協助：臺灣活版印刷文化保存協會
攝影：林盟山
裝幀、插畫：林秦華
撰文：Anderson
執行編輯：陳敬淳、孫德齡
行銷業務：李玉華、蔡晴
指導單位：文化部

活字檢字：日星鑄字行
活字排版：日裕印刷
平版印刷：崎威彩藝
定價：300元
ISBN：9789869028707
2014年02月　初版一刷　2018年09月　初版四刷

出版者：行人文化實驗室（行人股份有限公司）

發行人：廖美立
地址：10049台北市北平東路20號10樓
電話：（02）2395-8665
傳真：（02）2395-8579
郵政劃撥：50137426
http://flaneur.tw
總經銷：大和書報圖書股份有限公司
電話：（02）8990-2588

本書圖片除以下列出者，皆由林盟山拍攝。
頁十三，陳敬淳，二〇一三。頁十六，林秦華，二〇一三。
頁八十九，陳敬淳，二〇一三。頁九十上圖，陳敬淳，二〇一三。
頁九十七，自由落體設計公司，二〇一三。

活字：記憶鉛與火的時代 / Anderson撰文. -- 初版. --
臺北市：行人文化實驗室, 2014.02
122面；14.8X21公分
ISBN 978-986-90287-0-7(平裝)
1.活字印刷術 2.臺灣
477.21　　102027316